PRINCIPIOS DEL CUERPO EN PSICOANÁLISIS:

De la Histeria al Cuerpo Pulsional

Leonardo Rafael Mass Torres
Judith Elena García Manjarrés

Principios del Cuerpo en Psicoanálisis:
De la Histeria al Cuerpo Pulsional

Principios del Cuerpo en Psicoanálisis
De la Histeria al Cuerpo Pulsional

Leonardo Rafael Mass Torres. Judith Elena García Manjarrés.

Editor: Dougglas Hurtado Carmona

© 2018, Copyright

ISBN (Print): 978-1-387-78898-9

ISBN (Ebook): 978-1-387-79112-5

Contacto:
Publicaciones Científicas
Universidad Metropolitana
publicacionescientificas@unimetro.edu.co

Portada: Adaptada por Yoveris Solano Arrieta de Freud - portrait - personnage célèbre - psy -psychiatre - psychanalyse – scientifique. fotolia.com. Contenido: #200765360 © Autor: pict rider

Contraportada: Adaptada por Yoveris Solano Arrieta de psychologie - tête - cerveau - psychologue - santé mentale - dépression - maladie mentale Contenido: #176387328 © Autor: pict rider

Leonardo Rafael Mass Torres

Psicoanalista, Psicólogo, Especialista en Psicología Clínica, Magister en Psicología, Candidato a Doctor en Psicoanálisis. Investigador del Grupo CEPUM de la Universidad Metropolitana de Barranquilla. Miembro del Círculo Psicoanalítico del Caribe. Cofundador y Codirector de la Cátedra de Cuerpo y Sujeto y el Seminario de Psicoanálisis en la Universidad Metropolitana.

Judith Elena García Manjarrés

Psicoanalista, Psicóloga, Especialista en Psicología Clínica, Magister en Psiconeuropsiquiatría y Rehabilitación. Investigadora del Grupo Sanus Viventium de la Universidad Metropolitana de Barranquilla. Cofundadora y Codirectora de la Cátedra de Cuerpo y Sujeto y el Seminario de Psicoanálisis en la Universidad Metropolitana. Ha trabajado como docente universitaria en diferentes Programas de Psicología del País y en algunos posgrados de psicología, así también, ha escrito textos que han sido publicados por revistas de ciencias sociales y humanas, dirigido servicios clínicos y realiza atención clínica particular desde el año 2004.

CONTENIDO

CONTENIDO

Prólogo

En este libro usted encontrará en forma elegante y precisa un deslizamiento de la Medicina al Psicoanálisis en lo que al término cuerpo se refiere. Partiendo del organismo médicamente hablando, los autores realizan una resección limpia que les permite diferenciar este mismo del concepto de cuerpo para el psicoanálisis.

Puntúan el momento en que Freud siendo médico abandona el campo visual y empieza a escuchar a sus pacientes descubriendo así una anatomía distinta regida por los avatares pulsionales en donde la sexualidad (que no se reduce a lo genital) toma un papel relevante. De igual manera relatan cómo desde el mismo momento histórico en que el psicoanálisis introduce al saber de la clínica la hipótesis sobre lo inconsciente, el campo médico ya no fue el mismo en el sentido que se vio destinado a considerar la prevalencia de los procesos psíquicos afectando al cuerpo.

Le mostrarán cómo fue el camino que condujo a poder decir que el discurso nos da un cuerpo y que un sujeto no es su organismo mecánico llegando a la inevitable conclusión del descubrimiento de un tratamiento nuevo en donde se opera con las palabras llamado Psicoanálisis.

Karina García Méndez
Psicoanalista
Abril de 2018

Prefacio

El psicoanálisis fue propuesto por su creador como el nombre de tres cosas:

(…)1) (…) un procedimiento que sirve para indagar procesos anímicos difícilmente accesibles por otras vías; 2) (…) un método de tratamiento de perturbaciones neuróticas, fundado en esa indagación, y 3) (…) une serie de intelecciones psicológicas, ganadas por ese camino, que poco a poco se han ido coligando en una nueva disciplina científica. (Freud, 1923, p. 231)

Si bien es cierto que el psicoanálisis se trata de una terapéutica particular, que implica necesariamente pensar al sujeto como aquel que está atravesado por el lenguaje (Lacan, 1953) y desde allí, dar la posibilidad que las palabras emerjan, no es menos cierto, que ese sujeto del lenguaje porta también algo que lo hace singular y único, que indica su diferencia con aquellos otros con los que él establece lazo social y con cualquier otro ser vivo que exista en el mundo.

No se trata sólo de la posibilidad de un aparato cerebral, que desde Freud (1896a), se sabe que no equivale al aparato psíquico, sino que justamente porque no hay tal equivalencia y el sujeto está inmerso en el lenguaje, él también aparece con un cuerpo y, esto último, ocurre para el psicoanálisis, de manera diferente a como tal cosa puede ser concebida por otras disciplinas de la salud y también de las ciencias sociales.

El cuerpo para el psicoanálisis, implica un estatuto diferente al que le dan otras ciencias sociales, él ocupa todo un concepto propio de esta disciplina, que lo concibe como una construcción que no hace referencia sólo a la parte orgánica y al paradigma biologicista. Es decir, así como el cerebro no es igual al aparato psíquico (Freud, 1896a), la teorización y concepto que sobre el cuerpo propone el psicoanálisis, no equivale al organismo humano; mucho menos a pensar ese cuerpo reducido al nivel de los signos y los síntomas, como estos se entienden desde la salud.

El cuerpo, bordea y excede tal cosa, pues él remite no sólo al lenguaje, sino también a los tres registros posibles que propone el psicoanálisis, a saber, real, imaginario y simbólico (Lacan, 1975a). Es desde esta idea, que el psicoanálisis, reconoce en el cuerpo una construcción que sólo es posible hacer para el sujeto toda vez que ella esté enmarcada en el lazo social, con la presencia del otro, pues es en la relación con el Otro que es posible la construcción significante. Construcción que permeará por medio de las palabras, del lenguaje, lo que inicialmente es un organismo para posteriormente advenir un cuerpo.

A ese organismo, que aparece inicialmente, se le desea y se le espera incluso desde antes de nacer, el preexiste, en el deseo de los padres, se le nombra de determinada manera, se le libidiniza, se le prodigan cuidados generalmente por parte de la madre, aunque no de manera exclusiva, los cuidados diarios y algunos que van más allá de lo vital y que empero, van marcando el cuerpo de una manera particular, con determinados significantes, frente a los que el sujeto por venir finalmente responde de modos particulares.

Con los cuidados del Otro, prodigados al niño, se despierta entonces en este último la sexualidad (Freud, 1905). Estos cuidados, son los primeros inicios de la libidinización del cuerpo. Señala Freud (1905): "Es inevitable que la sensación placentera que estas partes del cuerpo son capaces de proporcionar se haga notar al niño ya en su período de lactancia, despertándole una necesidad de repetirla" (p. 170).

Lo anterior implica que la sexualidad en un sujeto se vive en todo el cuerpo. Ella, no es exclusiva del área genital, puede ser ubicable en toda la geografía corporal y ésta, es una de las razones por las que el cuerpo, para el psicoanálisis, no se agota con el asunto del paradigma organicista. Así también, dicha sexualidad está referida no sólo al lazo social en tanto ella inicia con la presencia del Otro, sino que tal sexualidad remite a eso que el Otro ayuda a instalar en principio como experiencia de satisfacción y que a su vez referirá a lo que el humano en su cuerpo, buscará a lo largo de la vida repetir una y otra vez.

Es decir, el cuerpo como construcción posible para el humano, implica la vivencia de experiencias previas de satisfacción y la existencia en él de huellas mnémicas dejadas por esa satisfacción; esto, siempre que el Otro haya sido quien en tiempos iniciales soporte narcisísticamente al sujeto por venir. Es así como surge para el psicoanálisis el cuerpo como cuerpo de deseo, es a condición de la presencia del Otro que se posibilita la animación de lo viviente, el paso del organismo al cuerpo.

Lo anterior, no ocurre sin renuncias. El "infans" (Lacan, 1948, p.107) para acceder a la posibilidad de construir su propio cuerpo, debe renunciar al de la madre, ese que en tiempos iniciales el niño cree uno sólo con él. Es decir, aunque es necesaria la división madre e hijo, sin embargo, algo se instala desde el campo del Otro, de ella, para que el niño, futuro sujeto, tenga la posibilidad de la construcción de su propio cuerpo.

El concepto del cuerpo en Psicoanálisis, hace referencia inicialmente a un organismo, que después de vivir experiencias satisfactorias, produce un resto y, alternamente, al tiempo mismo que ese resto se construye, por los cuidados del Otro, se va perdiendo entonces el soma, el organismo.

En este proceso, el lenguaje ahueca lo real del soma y este último pasa a ser un cuerpo y allí donde habitaba el lenguaje emerge entonces lo simbólico. A partir de este tiempo, el sujeto empieza su construcción que está habitada y signada por los tres registros.

En la misma geografía corporal, aparecen entonces lo real del soma, el cuerpo de lo imaginario y también el de lo simbólico atravesado este no sólo por el lenguaje, sino igualmente por la renuncia que el sujeto ha tenido que hacer y que pone de plano la falta.

Es esto último lo que le da la posibilidad a un sujeto de poder desear. Es decir, el deseo está ligado también a la posibilidad del sujeto de tener un cuerpo, entendido éste último como lo postula el psicoanálisis. O sea, más allá de lo biológico, de lo orgánico y de la voluntad. Así, postula Lacan (1966b) que "No es a su conciencia a lo que el sujeto está condenado, sino a su cuerpo, que se resiste de muchas maneras a realizar la división del sujeto" (p. 224).

Este cuerpo al que el sujeto "está condenado" (Lacan, 1966b, p. 224) es el que le interesa al psicoanálisis. Allí, donde no alcanza la biología para explicar el padecimiento humano, que un sujeto puede referir inscrito en tal geografía, se abre lugar entonces aquello que interroga, que está libidinizado, a saber, el cuerpo, que opera sine qua non en el lazo social que un sujeto desde el inicio hasta el final de sus días establece con el otro.

Si el psicoanálisis, empieza con Freud (1893b-1895) a partir de la escucha de algunas mujeres histéricas, no es menos cierto que también lo hace a partir de las quejas que estas mujeres referían asociadas al cuerpo y sus padecimientos.

Lo anterior, implica que la pregunta por el cuerpo ha estado presente a lo largo de la historia de la teoría y la clínica psicoanalítica y tal pregunta ha guiado desde entonces las investigaciones en psicoanálisis, que finalmente llevaron a Freud (1925) a postular:

Así pues, echando una ojeada retrospectiva a la obra de mi vida, puedo decir que he sido el iniciador de muchas cosas y he prodigado numerosas incitaciones de las que algo saldrá en el futuro. Yo mismo no puedo saber si será mucho o poco. Pero tengo derecho a formular la esperanza de haber abierto el camino a un importante progreso en nuestro conocimiento. (Freud, 1925, p. 65 – 66)

Esta afirmación que en aquel momento lanzara Freud, indica la existencia y la insistencia del lugar de la pregunta en psicoanálisis; lugar de la pregunta que está necesariamente referido al sujeto, ese que "habla y oye" (Lacan, 1958, p. 75) y que también es portador de lo que en el presente libro cuestiona a sus autores, a saber, el cuerpo.

La invitación que hacemos es adentrarnos en aquello que desde inicios del siglo XX planteará interrogantes a Freud, ¿de qué cuerpo se habla en psicoanálisis?, ¿cómo es posible plantear que el cuerpo es una construcción?, de ser así: ¿de qué construcción se trata?, estos y otros interrogantes son los que proponemos intentar bordear en los siguientes capítulos. El libro Principios del cuerpo en psicoanálisis: de la histeria al cuerpo pulsional, además de ser un texto basado en la investigación intratextual de los autores con referencia al tema del cuerpo, es también un texto que emerge apoyado en la experiencia clínica de quienes escriben.

Esperamos entonces, que recorrer sus páginas, sea una experiencia grata para el lector, así como también incluya la posibilidad de dilucidar el concepto que sobre el cuerpo propone la teoría psicoanalítica, con las enseñanzas de Freud y Lacan, teniendo en cuenta que en la clínica, si bien hay soportes teóricos que indican un camino, también el cuerpo aparece necesariamente referido a la construcción que uno y cada uno de los sujetos haya podido lograr y finalmente es esto último parte de lo que se busca al adentrarse en un proceso analítico.

Si el sujeto habla y con ello dice más de lo que cree decir, se podrá entonces escuchar aquello que lo condena, "el cuerpo, que se resiste de muchas maneras a realizar la división del sujeto" (Lacan, 1966b, p. 24).

Introducción

El cuerpo ocupa un lugar fundamental en el campo del psicoanálisis; cuando Freud incursiona en el estudio de la histeria tropieza con este asunto en el tratamiento de los síntomas psíquicos: "benévolos colegas de más edad le derivaban pacientes; para ellos ésa era la oportunidad única de desembarazarse de clientes histéricas, es decir, molestas" (Verhaeghe, 1999, p. 15). El comienzo de Freud no fue para nada fácil,

ensayaba todos los métodos nuevos. Pero no entendía nada. Sus conocimientos de neurología y anatomía, laboriosamente reunidos y reiteradamente puestos a prueba, estaban siendo socavados por quienes se suponía que iban a confirmarlos: los pacientes. Los colegas mayores y más sabios sugerían que esos pacientes simulaban. Eran sugestionables. O bien degenerado, con vicios hereditarios. Quizá tenían una lesión dinámica, es decir, una lesión que debía existir pero no podía encontrarse (…) El neurólogo había ingresado a un nuevo territorio. (Verhaeghe, 1999, p. 16)

Tras sus persistentes sesiones clínicas con estos sujetos y "(…) de amplio espectro es fácil advertir el bosquejo de la principal innovación freudiana (principal porque dio origen al psicoanálisis): Freud abandonó el campo visual y empezó a escuchar" (Verhaeghe, 1999, p. 17). Llama la atención, que, conjunto con los síntomas referidos en la consulta, los pacientes comprometían al cuerpo como parte de sus conflictos. En todo caso, "otros habían observado ya que la histeria tenía una etiología traumática. No obstante, Freud fue el primero en escuchar ese trauma e interpretarlo como generador de un efecto sobre la psique y, por lo tanto, sobre el soma" (Verhaeghe, 1999, p. 17)

Hay, sin embargo, un cuerpo que ocupa crucialmente la atención del psicoanálisis en tanto distingue con su función la psique del ser humano. Son esencial en este ámbito las experiencias infantiles que perpetúan como dominio de deseos, pulsiones, fantasías, represión, etc., y que definen el acervo de lo inconsciente. Ahora bien, del mismo modo que esto ocurre, el cuerpo también influye en el ser humano.

El cuerpo del que se ocupa el psicoanálisis no corresponde a un hecho natural ni biológico: el organismo con el cual todo ser humano nace resulta insuficiente para definir al cuerpo psíquico. Con lo corporal se traza relación con los aspectos más profundos y estructurales del hombre; por ejemplo, la "sexualidad" que pone límites al campo de la función genital. De ahí en adelante y para el psicoanálisis, el cuerpo estableció inseparablemente (gracias a su descubrimiento) su dimensión con el placer de las pulsiones sexuales.

Los conflictos psíquicos tienen aquí una decisiva participación estructural en los síntomas clínicos: el niño expresa desde temprana edad sus condiciones corporales; las pulsiones trazan las distintas zonas erógenas (lo oral, lo anal, etc.) donde anida la excitación y conflicto que pronto perfila una neurosis.

Hay un cuerpo que figura distinto del organicismo médico. Es necesario diferenciar los fundamentos de organismo y de cuerpo cuando la clínica interpone el goce pulsional a lo largo de sus vicisitudes: el cuerpo supera las necesidades orgánicas como el hambre y la reproducción al inscribirse en el plano de la sexualidad, donde lo corporal apoya el propósito psicoanalítico por comprender al psiquismo.

Como es sabido, el psicoanálisis atribuye una gran importancia a la sexualidad en el desarrollo y la vida psíquica del ser humano. Pero esta tesis sólo se comprende si se tiene presente la transformación aportada al mismo tiempo al concepto de sexualidad (…)

Si se parte del punto de vista corriente que define la sexualidad como un instinto, es decir, como un comportamiento preformado, característico de la especie, con un objeto (compañero del sexo opuesto) y un fin (unión de los órganos genitales en el coito) relativamente fijos, se aprecia que sólo muy imperfectamente explica los hechos aportados tanto por la observación directa como por el análisis. (Laplanche y Pontalis, 1996, p. 403)

De modo acorde con estos planteamientos:

(…) el campo de lo que los psicoanalistas llaman sexual, es la existencia de una sexualidad infantil, que Freud ve actuar desde el comienzo de la vida. Al hablar de sexualidad infantil se pretende reconocer, no sólo la existencia de excitaciones o de necesidades genitales precoces, sino también de actividades que hacen intervenir zonas corporales (…) que no son sólo genitales, y también por el hecho de que buscan el placer (…) En este sentido los psicoanalistas hablan de sexualidad oral, anal, etc. (Laplanche y Pontalis, 1996, p. 402)

Con base en la histeria el psicoanálisis supo confrontar al conocimiento de su época e incluir nuevos hechos clínicos que hacen parte de la sexualidad infantil:

En realidad, el psicoanálisis se refleja cómo saber a partir de la histeria. La "histeria" es un objeto explorado desde el origen de la medicina (Hipócrates). La ruptura freudiana consiste en que hace aparecer la realidad de la palabra del histérico (…) principio según el cual los histéricos sufren esencialmente de reminiscencias, hacen que, por primera vez en la historia, exista el sujeto del síntoma. (Assoun, 2003, p. 108)

Desde sus inicios el psicoanálisis debió afrontar con la histeria "(…) un desplazamiento considerable: al mismo tiempo que es la ocasión de una reorganización del campo nosográfico, adquiere un valor heurístico capital para el conocimiento del fundamento psíquico" (Coblence, 2003, p. 24).

Su clínica planteó limitaciones al discurso de funciones y patologías orgánicas. La ciencia influye en el cuerpo a través de la aplicación médica del determinismo biológico: con un cuerpo mórbido y orgánico la medicina excluye de sus propósitos al cuerpo erógeno y pulsional. Ciertamente que el hombre no responde en todos los sentidos al mundo de la patología médica ni a los emblemas de la exactitud y medición científica. Este hecho, es más que comprobado con el síntoma histérico que

(...) responde a la construcción de una hipótesis que desplaza la explicación sobre el terreno de la psicología y hace pasar del cuerpo orgánico a una representación "banal" apoyada en una representación lingüística que puede perfectamente ignorar la anatomía. En lugar y sitio de ésta, se declaran determinantes el valor afectivo (Affektbetrang) asociado a un cuerpo (al brazo por ejemplo) (...). (Coblence, 2003, p. 30)

¿Cómo suponer los alcances del cuerpo en psicoanálisis? Freud (1923) define el psicoanálisis como:

(...)1) (...) un procedimiento que sirve para indagar procesos anímicos difícilmente accesibles por otras vías; 2) (...) un método de tratamiento de perturbaciones neuróticas, fundado en esa indagación, y 3) (...) une serie de intelecciones psicológicas, ganadas por ese camino, que poco a poco se han ido coligando en una nueva disciplina científica. (p. 231)

El psicoanálisis constituye, por tanto, un método "(...) que parte y culmina en la clínica (...)" (Assef, De Bortoli y Stechina, 2011, p. 53). Dado que el psicoanálisis trata "(...) a profundidad (...) en la estructura del mecanismo anímico y procura alcanzar unos influjos duraderos (...)" (Freud, 1913, p. 351), se mantiene acorde a la experiencia discursiva y subjetiva del sujeto. Por otro lado, "(...) su contribución a la ciencia consiste, justamente, en haber extendido la investigación al ámbito anímico" (Freud, 1933,

p. 147).

La teoría psicoanalítica es un desarrollo permanente y a prueba con la clínica; su modus operandi (basado en la subjetividad) implica su estudio y aplicación extendido además a las condiciones del cuerpo: al privilegiar la palabra del sujeto, se hace eco de su sexualidad, a la vez que el malestar que atribuyen sus síntomas. Al pensar la subjetividad conforme a los hechos clínicos, el cuerpo psíquico queda desdibujado por el canon de la ciencia en su pretensión de objetivarle y radicarle como objeto de plenitud y suficiencia calculada, de totalidad y síntesis. ¿Qué novedad deparó el psicoanálisis?

(…) Freud refutó explícitamente la validez de las interpretaciones reduccionistas y consideró que no era posible encontrar explicaciones fisiológicas para numerosos fenómenos psíquicos, que en cambio se volvieron inteligibles (…) Las concepciones materialistas y mecanicistas se habían demostrado particularmente fecundas en medicina, admite Freud, porque habían probado allí su capacidad para realizar progresos formidables, pero sin embargo habían obstaculizado la investigación (…)

Los psiquiatras se habían limitado a clasificar la multiplicidad y la variedad de las manifestaciones morbosas, atribuyendo su etiología a factores anatómicos, físicos y químicos, pero de esta manera, en realidad, no habían logrado explicar fenómenos desacostumbrados que los dejaban estupefactos. (Bodei, 2005, p. 18)

Como novedad, además, el psicoanálisis (método clínico) de la psique, puso en primer plano de su investigación y aplicación el correlato corporal y subjetivo de su estudio. Por su parte,

es asombroso que Freud no haya encontrado otra palabra que la de psicoanálisis para designar su propia técnica. Desde luego, no podríamos imaginarnos que se dijese somatoanálisis o bioanálisis, probablemente es porque la palabra psicoanálisis inscribe el orden de sus descubrimientos. De hecho, comenzó, como ya saben, elaborando los mecanismos del inconsciente a partir del síntoma, los sueños, la psicopatología de la vida cotidiana, del witz y, evidentemente, todo esto le llevó al psicoanálisis. Pero también descubrió muy rápidamente el eje de las pulsiones (…) (Soler, 2013a, p. 8)

Freud "(…) observó que la medicina había reconocido la innegable relación entre cuerpo y psique, pero nunca había dejado de representarse la psique como determinada por el cuerpo y dependiente de éste (…)" (Bodei, 2005, p. 19). En todo caso, del lado de los médicos, parecían tener "(…) temor de concederle cualquier autonomía a la vida psíquica, como si con ello abandonaran el terreno de la cientificidad" (Bodei, 2005, p. 19).

Freud supo justificar su distancia del organicismo, valiéndose, por su parte, (…) del concepto de pulsión, distinguiéndolo netamente del de instinto, en una tentativa por describir las fuentes biológicas de las energías psíquicas y al mismo tiempo la plasticidad de la realidad interna y el modo en que ésta se ve modelada por influencias del ambiente y modelos culturales. (Bodei, 2005, p. 18). El síntoma queda subsumido a la pulsión que "hace cuerpo":

Si la historia de la etiología (psicosexual) de la neurosis exige privilegiar la psicogénesis, ¿en qué se convierte la referencia al saber del cuerpo en el psicoanálisis? Por una parte, el énfasis se pone resueltamente en los aspectos psicogenéticos: el sujeto se descifra en su relación con la representación y dentro de las modalidades conflictuales de su historia. Por otra parte, Freud no dejó de insistir paralelamente en el factor "constitución": para que determinado acontecimiento tenga sentido, es preciso que algo ya esté allí, "dentro" del sujeto, que haga resonancia. (Assoun, 2003, p. 114-115)

El cuerpo como problema crucial y clínico "(…) exige una desconstrucción metapsicológica, comenzando por la pulsión, ese "concepto límite" entre psíquico y somático" (Assoun, 2003, p. 115). Con el psicoanálisis y en particular su economía psíquica, "(…) a través de la cuestión de la conversión histérica y de la "complacencia somática", lo que se experimenta es el trabajo del síntoma en el cuerpo" (Assoun, 2003, p. 116).

Su labor "(…) consiste en captar el cuerpo a través de su dinámica libidinal (…)" (Assoun, 2002, p.107): "el síntoma somático implica una "acción interna" o "autoplástica" (…) que permite que la fantasía encuentre expresión por medio de los órganos mismos" (Assoun, 2002, p. 107). Es lo que indica su antagonismo con la conjunción orgánica (biológica y madurativa) concatenada al síntoma y la enfermedad, que a cambio y medicamente, establece corregir la disfunción o patología de órganos fisiológicos y físicos que procuren su readaptación y equilibrio con su diagnóstico y tratamiento.

Se sabe que el sujeto se constituye subjetivamente, refiere con su determinismo la sexualidad que acusa el sentido de su relación tanto consigo mismo como con los otros. El trabajo clínico tropieza con el caos de las pulsiones que influyen en los diversos síntomas. La demanda de la cura se instaura en un nivel subjetivo y enigmático a la conciencia del enfermo. No es, por tanto, que el sujeto domine a la psique sino la psique la que domina la voluntad del sujeto. La ciencia insiste en inscribir al cuerpo como objeto de bienestar y plenitud. La medicina aun perseverando por todos sus medios, fracasa por "(…) la memoria del goce (…)" (Yospe, 1999, p. 215) de la pulsión.

En todo caso, "el discurso de la ciencia funciona, para la clínica del médico, como discurso amo, avalándolo a la manera de la relación que existe entre la anatomía patológica y la clínica, donde la segunda funda a la primera para alimentarse (…)" (Yospe, 1999, p. 216). El propósito médico radica en mantener la "objetivación" del sujeto, a toda costa, por las vías separativas entre el organismo y el cuerpo erógeno como si se tratara de dos instancias sistemáticas y separables.

¿Qué esperar del psicoanálisis y su cuerpo? El psicoanálisis busca "(…) tratar las relaciones entre la vida psíquica y la somática, fundamento de cualquier tratamiento psíquico (…)" (Freud, 1919, p. 170). Y, por ende, concibe insuficiente el plano orgánico y viviente del hombre para dar cuenta de su producción corporal, que debe a la pulsión su conformación y vicisitud.

El psicoanálisis surge ante todo como una disciplina comprometida con el cuerpo; su clínica con la histeria así lo atestigua al comprobar su determinación psíquica y constitución pulsional, acorde a la sexualidad diferencial de las necesidades orgánicas. La corporalidad se presenta entonces como un problema propiamente humano y formulado en el campo de los acontecimientos subjetivos.

Principios del Cuerpo en Psicoanálisis

El cuerpo de la histeria

Desde sus inicios el psicoanálisis tuvo que afrontar al cuerpo como problema fundamental de su clínica. En este contexto, la histeria confesó con sus síntomas la vida sexual, crucial y subjetiva que determina al ser humano; de este modo, las experiencias infantiles se impusieron en el marco de la terapia y hubo de consolidar una teoría que respondiera de mejor manera a la dinámica de los nuevos procesos psíquicos.

En este orden, "(…) el psicoanálisis por una parte puso límites al abordaje fisiológico, y por la otra conquistó para la psicología un gran fragmento de la patología." (Freud, 1913, p. 170). La teoría de lo inconsciente consagró para el campo de los procesos psíquicos su distancia del organicismo médico al concebir el tipo de "anatomía psíquica" de las "parálisis histéricas" como forma expresiva y ejemplar del cuerpo.

El estudio de la histeria y

su delimitación ha seguido los avatares de la medicina (…) A finales del siglo XIX (…) pasó a primer plano el problema planteado por la histeria al pensamiento médico y al método anatomoclínico imperante.

De un modo muy esquemático, puede decirse que se buscó la solución en dos direcciones: por una parte, ante la ausencia de toda lesión orgánica, atribuir los síntomas histéricos a la sugestión, a la autosugestión, o incluso a la simulación (…); por otra, conceder a la histeria la denominación de enfermedad como las otras, tan definida y precisa en sus síntomas como, por ejemplo, una afección neurológica (…) Freud (…) éste considera la histeria como una enfermedad psíquica bien definida, que exige una etiología específica (…)

Ya es sabido que el hallazgo de la etiología psíquica de la histeria corre parejas con los principales descubrimientos del psicoanálisis (inconsciente, fantasía, conflicto defensivo y represión, identificación, transferencia, etc.). (Laplanche y Pontalis, 1996, p. 171-172)

Con el psicoanálisis se sabe que la histeria, y en especial el síntoma y su conversión al cuerpo, adquiere predilección en el campo de la psicopatología. La "conversión" (…) surgió con motivo de las primeras investigaciones de Freud sobre la histeria (…) Su sentido primario es económico: se trata de una energía libidinal que se transforma, se convierte, en inervación somática. La conversión es correlativa al desprendimiento de la libido de la representación, en el proceso de la represión (…). (Laplanche y Pontalis, 1996, p. 85).

La motivación del síntoma de conversión lleva a Freud a invocar "(…) ante todo la existencia de una "complacencia somática", factor constitucional o adquirido que predispondría, de un modo general, a un determinado individuo a la conversión o, más específicamente, a un determinado órgano o aparato a ser utilizado por este proceso" (Laplanche y Pontalis, 1996, p.86). Conforme a esto, "(…) el síntoma de conversión histérica guardaría una relación simbólica más precisa con la historia del sujeto (…)" (Laplanche y Pontalis, 1996, p. 87) y con la represión de sus pulsiones sexuales.

Del este modo en que el cuerpo de la histeria compromete cada región anatómica, el carácter de conversión está determinado, justamente, por la erogeneización del cuerpo. Esta posibilidad de erogeneización, a través de las llamadas zonas erógenas, siendo la manera que tiene el cuerpo de dar cuenta de su excitación sexual, queda ligadas a objetos de su infancia, se sustituyen objetos reales de carácter sexual por aquellos que han tenido una relevancia significativa en el desarrollo del sujeto. De alguna manera, en los pacientes histéricos, por estas fijaciones a determinados objetos de su infancia a los que no pueden renunciar, se aíslan o reemplazan la realidad por la fantasía (…). (Santcovsky, 1999, p. 193)

Es por esto, por lo que el cuerpo influye tanto en la economía psíquica (participante y constitutiva) del desarrollo subjetivo:

La histérica, el histérico, que enseñaron al análisis la dimensión del deseo, pretenden sostenerse en la dimensión de la palabra, pretensión que fracasa y se instala en la dimensión del goce del síntoma, generalmente de carácter conversivo, es decir en el cuerpo, o más bien en una zona que ella erogenizó de su cuerpo, por donde circula la veta sacrificial de la histeria, la veta sufriente (Santcovsky, 1999, p. 194).

Sin duda, la histeria ha demostrado como la sexualidad toma poder desmedido sobre el cuerpo; así mismo, "el síntoma histérico se enlaza a la estructura deseante, por eso habla, pero su goce la excede" (Santcovsky, 1999, p. 194). La pulsión compromete al cuerpo como su función esencial (su basamento). Gracias a la histeria, el síntoma (convertido al cuerpo), introdujo, por decir así, la necesidad de una nueva etiología del psiquismo.

Las pulsiones sexuales parcializan al cuerpo y hacen de él correlato de zonas erógenas donde anida su "excitación". La "(…) doctrina de la histeria, que es algo tan corpóreo" (Freud, 1940 -41 [1892c], p. 183) devino así para el nacimiento del psicoanálisis, la posición clínica por un nuevo cuerpo. No obstante, esta relevancia de la neurosis al psicoanálisis contrastaba con la apreciación que sobre ella tenía la medicina, para cuyos "(…) estados se consideraban mera simulación y exageraciones, y por consiguientes indignos de la observación clínica" (Freud, 1888, p. 45).

Es claro para el modelo médico su desconocimiento de la sexualidad (la pulsión). Ante esta falla del conocimiento, Freud se vio llevado a representar con su teoría lo que llamó el "aparato anímico" "(…) al que atribuimos ser extenso en el espacio y estar compuesto de varias piezas (…) semejante a un telescopio, un microscopio (…)" (Freud, 1940a [1938]), p. 143). Concebir así la psique a partir de los supuestos de un "aparato", implicó todo un avance clínico para entender la influencia determinante de la pulsión como fuerza endógena y corporal.

Es claro que con el supuesto de un "aparato" se "(…) revelaría probablemente los rasgos esenciales de la pulsión sexual, dejaría traslucir su desarrollo y mostraría que está compuesta por diversas fuentes" (Freud, 1905a, p. 157).

Es desde la vida infantil donde las pulsiones sexuales se originan y definen un nuevo estatuto de "anatomía corporal". Su etiología reposa, por tanto, en lo infantil y sus vicisitudes subjetivas; recordemos en este caso lo que para Freud representó la histeria con su enseñanza:

Mientras más cuidado se ponía en rastrearlas, tanto más abundantemente se revelaba el encadenamiento de impresiones de esta clase, de importancia etiológica, pero tanto más se remontaban también hasta la pubertad o la infancia del neurótico. Al mismo tiempo iban cobrando un carácter unitario y, por fin, fue preciso rendirse a la evidencia y reconocer que en la raíz de toda formación de síntoma se hallaban impresiones traumáticas procedentes de la vida sexual temprana. Así el trauma sexual remplazó al trauma ordinario, y este último debía su valor etiológico a su referencia asociativa o simbólica al primero, que lo había precedido. (Freud, 1923[1922], p. 239)

En este contexto clínico, las experiencias infantiles pronto revelaron un nuevo sentido al demostrar la sexualidad como afección psíquica (subjetiva y corporal). La histeria enseñó al psicoanálisis que en el plano corporal se trasponen procesos psíquicos (complejos, fantasías, pensamientos, etc.) que contravienen al organicismo (médico) de tal modo que el cuerpo adquiere su dimensión "erógena" y excitatoria con la pulsión. Al respecto Freud afirma:

(...) Opino que el médico no solo ha contraído obligaciones hacia sus enfermos como individuos, sino hacia la ciencia. Y decir hacia la ciencia equivale, en el fondo, a decir hacia los muchos otros enfermos que padecen de lo mismo o podrían sufrirlo en el futuro. La comunicación pública de lo que uno cree saber acerca de la causación y la ensambladura de la histeria se convierte en un deber, y es vituperable cobardía omitirla (...) (Freud, 1905b, p. 8)

Ahora bien, ¿qué lugar otorgar a la histeria antes del psicoanálisis? Se sabe, por lo dicho, que esta neurosis proviene de los primeros tiempos de la medicina y expresa el prejuicio, sólo superado en nuestra época, de que esta neurosis va unida a unas afecciones del aparato genésico femenino.

En la Edad Media desempeñó un significativo papel histórico-cultural; a consecuencia de un contagio psíquico se presentó como epidemia, y constituye el fundamento real de la historia de las posesiones por el demonio y la brujería. Documentos de esa época atestiguan que su sintomatología no ha experimentado alteración alguna hasta el día de hoy (...) Hasta entonces, la histeria era la bête noire de la medicina; las pobres histéricas, que, en siglos anteriores, como posesas, habían sido quemadas en la hoguera. O exorcizadas, en la época ilustrada ya no recibieron más que el anatema del ridículo (...) (Freud, 1888, p. 45)

Antes del psicoanálisis, "(...) a menudo se ha atribuido a la histeria la facultad de simular las afecciones nerviosas orgánicas más diversas (...)" (Freud, 1893a [1888-93], p. 199). En la clínica psicoanalítica la histeria "(...) se deslindó de otros estados de parecida manifestación y cobró una sintomatología que, aunque asaz variada, ya no permite ignorar por más tiempo el reinado de una ley y un orden." (Freud, 1956 [1886], p. 13).

Para efectos de su etiología, fue necesario reconocer con sus síntomas toda clase de (...) dificultades al sistema nervioso." (Freud, 1940-41 [1892b], p. 190). Además del sentido oculto que revelaba la "(...) inervación corporal (...)" (Freud, 1893b, p. 41), fue preciso conceder a un síntoma como el de la "parálisis histérica" su plena separación con el acervo de las "parálisis orgánicas" procedentes del modelo anatómico nervioso:

En la histeria, la espalda o el muslo pueden estar más paralizados que la mano o el pie. Los movimientos pueden llegar a los dedos mientras el segmento central está absolutamente inerte. No ofrece la menor dificultad producir artificialmente una parálisis aislada del muslo, de la pierna, etc., y con suma frecuencia es posible hallar en la clínica estas parálisis aisladas, en contradicción con las reglas de la parálisis orgánica cerebral. (Freud, 1893a [1888-93], p. 200)

Conforme a la histeria y su clínica de la "parálisis", el cuerpo queda singularizado en el orden de la psique; no solo, se demostró así la necesidad de un cambio en el modelo causal del síntoma, sino uno sobre su ejemplar plano demostrativo: el cuerpo donde habita su conflicto.

Lo que el psicoanálisis indica a propósito del síntoma clínico es que "(...) la parálisis histérica es también una parálisis de representación, pero de una representación especial (...)" (Freud, 1893a [1888-93], p. 200) que es necesario atisbar con base en el modelo de la economía pulsional, dado

(...) que la histeria se genera por represión, desde la fuerza motriz de la defensa, de una representación inconciliable; de que la representación reprimida permanece como una huella mnémica débil (menos intensa), y el afecto que se le arrancó es empleado para una inervación somática: conversión de la excitación". (Freud, 1893b, p. 290 - 291)

Lo que por un lado se asume como su representante mnémico, y, por otro, su condición excitatoria y afectiva, pone a la histeria en dependencia con el cuerpo: es en tal sentido que se dice que "(…) la histeria es ignorante de la distribución de los nervios (…)" (Freud, 1893a [1888-93], p. 206). Como si se acomodara a otro tipo de "anatomía", ello radica en "(…) la concepción trivial, popular, de los órganos y del cuerpo en general la que está en juego en las parálisis histéricas, así como en las anestesias, etc." (Freud, 1893a, [1888-93], p. 207).

La "bête noire" de la medicina se revela así con todo su esplendor al comprobar que "(...) las parálisis histéricas se acompañan de perturbaciones de la sensibilidad mucho más a menudo que las parálisis orgánicas. En general, ellas son más profundas y frecuentes en la neurosis que en la sintomatología orgánica" (Freud, 1893a [1888-93], p. 203).

Si la afección de la sensibilidad corporal puede confirmar el conflicto de una neurosis, y "(…) cuán frecuentes son en la histeria las anestesias absolutas, profundas, de las cuales las lesiones orgánicas sólo pueden reproducir un débil esbozo" (Freud 1893a [1888-93], p. 201- 202), la histeria revela con todo su "(…) capacidad psicofísica para trasladar a la inervación corporal unas sumas tan grandes de excitación." (Freud, 1894, p. 52).

Con el estatuto diferencial que comporta el cuerpo psíquico del acervo orgánico, "(…) la histeria descansaba por completo en modificaciones fisiológicas del sistema nervioso, y su esencia debería expresarse mediante una fórmula que diera razón de las relaciones de excitabilidad entre las diversas partes de dicho sistema" (Freud, 1888, p. 45).

Si se propone pensar en los principios que reúne el cuerpo en psicoanálisis sería precisamente en el hecho de "(…) que sólo puede haber una sola anatomía cerebral verdadera, y puesto que ella se expresa en los caracteres clínicos de las parálisis cerebrales, es evidentemente imposible que esta anatomía pueda explicar los rasgos distintivos de la parálisis histérica" (Freud, 1893a, [1888-93], p. 205).

Otro modo de decirlo es que el cuerpo del psicoanálisis surge a partir de la falla y limitación del saber médico. El cuerpo psíquico es "(…) por completo independiente de la anatomía del sistema nervioso, puesto que la histeria se comporta en sus parálisis y otras manifestaciones como si la anatomía no existiera, o como si no tuviera noticia alguna de ella" (Freud, 1893a [1888-93], p. 206).

El cuerpo de la clínica freudiana (cuerpo ejemplar de la histeria) tiene su asidero en el sentido sexual de sus síntomas (la pulsión), que puso a prueba la necesidad de virar hacia un método terapéutico diferente del médico.

La "parálisis" (crucial demostración de la conversión), tiene al cuerpo por su correlato debido al conflicto y trauma de la neurosis; como si se tratara de una ley generalizable, "(…) en todos los casos de parálisis histérica uno halla que el órgano paralizado o la función abolida están envueltos en una asociación subconciente provista de un gran valor afectivo (…)" (Freud, 1893a [1888-93], p. 208-209).

La sexualidad incursiona para el hombre a través de su cuerpo, es lo que a Freud tanto refirieron sus pacientes "(…) como unas vivencias infantiles de contenido sexual (…)" (Freud, 1896b, p. 201). No podría aseverarse la existencia del cuerpo prescindiendo de su conformación infantil, al que se debe con "(…) la suma de excitación" (Freud, 1894, p. 50) el auge de las pulsiones sexuales. Confirmando, con la providencia psíquica del síntoma histérico,

(…) Freud llega a una conclusión decisiva, que por cierto habría parecido presuntuosa en boca de un psicólogo, pero resultaba sumamente convincente al ser enunciada por un neurólogo experimentado: en materia de parálisis histérica, la neurología y la anatomía no explican nada en absoluto. (Verhaeghe, 1999, p. 18)

El cuerpo de la pulsión

Con base en la clínica es como el psicoanálisis ha tenido su justificación en tanto práctica terapéutica, y, por ende, su accionar sobre el cuerpo. Si el cuerpo se distingue plenamente de la "anatomía nerviosa", es gracias a su conformación pulsional; para Freud (1940a [1938]) las pulsiones "representan {repräsentieren} los requerimientos que hace el cuerpo a la vida anímica." (p.146). Desde sus inicios el cuerpo trazó su función a través de los síntomas histéricos; su importancia clínica radica en haber confirmado "(…) la significación de las zonas erógenas como aparatos colaterales y subrogados de los genitales (…)" (Freud, 1905a, p. 154).

O sea que el cuerpo representa algo más que genitalidad y maduración orgánica para introducirse en un campo mucho más extendido, "(…) de perturbaciones de los procesos sexuales (…)" (Freud, 1905a, p. 187). ¿Qué comporta la función erógena del cuerpo? Lo erógeno define ante todo un tipo de

(…) "excitabilidad" (Erregbarkeit) sexual, Freud quiere indicar que ésta no es exclusiva de una determinada zona erógena en la que se manifiesta de un modo más evidente, sino una propiedad general de toda la superficie cutáneo-mucosa, e incluso de los órganos internos. Freud concibe la erogeneidad como un factor cuantitativo, susceptible de aumentar o disminuir, e incluso de modificar su contribución en el organismo en virtud de desplazamientos. (Laplanche y Pontalis, 1996, p. 120)

Freud refiere la propiedad erógena y corporal del ser humano a todos sus órganos y funciones. Como sustento,

si bien la existencia y el predominio de ciertas zonas corporales en la sexualidad humana siguen siendo un dato fundamental de la experiencia psicoanalítica, no basta para explicarlo una interpretación puramente anatomo-fisiológica. Conviene considerar que las zonas erógenas constituyen, en el origen del desarrollo psicosexual, los puntos de elección de los intercambios con el ambiente, al mismo tiempo que solicitan, por parte de la madre, la máxima atención, cuidados y, por consiguiente, excitaciones. (Laplanche y Pontalis, 1996, p. 475)

La propiedad erógena, que además es infantil por su desarrollo, concierne al anticipo genital de la maduración anatómica. Con base en esto,

(…) la vida sexual no comienza sólo con la pubertad, sino que se inicia enseguida después del nacimiento con nítidas exteriorizaciones (...) Es necesario distinguir de manera tajante entre los conceptos de "sexual" y de "genital". El primero es el más extenso, e incluye muchas actividades que nada tienen que ver con los genitales (…) La vida sexual incluye la función de la ganancia de placer a partir de zonas del cuerpo, función que es puesta con posterioridad {nachträglich} al servicio de la reproducción. Es frecuente que ambas funciones no lleguen a superponerse por completo. (Freud. 1940a [1938], p. 150-151)

La sexualidad define al cuerpo "(…) con el nombre de zonas erógenas (…)" (Freud 1940a [1938], p. 149). El cuerpo queda así apresado y recortado por la pulsión en tanto "(…) representantes {Repräsentant] de todas las fuerzas eficaces que provienen del interior del cuerpo y se trasfieren al aparato anímico (…)" (Freud, 1920, p. 34).

Es la "excitación" que inviste al cuerpo la que da su valor como "(…) "pulsiones parciales" que adhieren a las excitaciones de regiones del cuerpo (…)" (Freud, 1910, p. 212). Freud descubrió con la histeria al cuerpo de la psique y patrimonial de la pulsión. No fue este un acontecimiento histórico cualquiera, sino la oportunidad de comprobar con el nacimiento del psicoanálisis una terapia eficaz que puede traslucir las vicisitudes subjetivas del cuerpo. ¿Qué confirma el psicoanálisis con base en el rastro de palabra del sujeto y procedente del determinismo inconsciente?

La sexualidad se acomoda a partir del registro corporal; "se trata de un "apoyo" que desde el origen, hace actuar a la sexualidad infantil sobre lo instintivo (…)" (Bilbao, 2011, p. 188) al que perturba en sus funciones vitales. Freud supo precisar este tipo de apoyatura y perturbación pulsional sobre el plano orgánico, al modo de tiempos lógicos y psíquicos que influyen desde el momento del nacimiento:

Un primer tiempo constituido por la succión del seno en pos de la alimentación, representación por excelencia de un comportamiento instintivo completo (modelo de todo instinto). De tal modo que la función del hambre en el pequeño ser, engendra la función del empuje, es decir, una acumulación de tensión, que sólo será aliviada por la acción de un objeto específico. Esta acción llamada específica, tendrá como finalidad la desaparición de un estado de necesidad orgánica. Entre la adecuación creada por el estado del lactante y el objeto específico, emerge la realidad del orden vital.

No se trata aquí del seno aportado en tanto objeto, sino del alimento, de la leche. Emerge entonces, un segundo tiempo que es el resultado del proceso de la alimentación, y que comprometiendo al sujeto, se define como sexual. Paralelamente a la alimentación, acontece la excitación de los labios y de la lengua, exaltación apenas distinguible de la condición vital. De manera progresiva, en el acto que consiste en mamar, se observa la separación realizada por la pulsión sexual en relación a la programación de la conducta alimenticia.

La sexualidad apoyándose al comienzo en una función útil para la conservación de la vida, se encuentra al mismo tiempo, y de manera completa, en un movimiento que la disocia del plano vital. (Bilbao, 2011, p. 188)

Para Freud, su concepción de la sexualidad (trastocada en

su decurso vital por la pulsión), otorga a lo corporal su primacía para con el orden de sus funciones psíquicas; para mayor precisión,

> Freud sostiene que durante el proceso pubertario, la primacía de las zonas genitales se afirma, y que al mismo tiempo, y desde un punto de vista psíquico, el descubrimiento del objeto se consuma. La preparación del descubrimiento del objeto será presentada por el autor como conducida y predeterminada desde la primera infancia, y desarrollada a partir de las primeras satisfacciones sexuales vinculadas a la nutrición. La pulsión sexual encuentra su objeto fuera del cuerpo propio (…). (Bilbao, 2011, p. 189)

¿Qué condiciona al organismo el territorio así ganado por la pulsión?:

> La pulsión es un empuje que brota del interior del cuerpo, y que en su circuito bordea al objeto, para finalmente retornar sobre sí misma, donde un más de placer se satisface. Este más de placer es lo que hace que la pulsión insista en su búsqueda de satisfacción, siendo el objeto lo menos determinante en ella (…) La pulsión, pues, no está causada por el objeto.
>
> Ella emerge como fuerza constante, como una exigencia interna, que ningún objeto, en sí mismo, puede satisfacer plenamente, pero que habrá de valerse de ciertos objetos, pedazos de cuerpo, que caen y vienen a situarse encima de este objeto primordial, eternamente perdido, los cuales le sirven como instrumento, como medio, para obtener su fin, es decir, la satisfacción, la cual siempre será una satisfacción parcial. (Machado, 2008, p. 46)

La pulsión desnaturaliza al cuerpo orgánico, "(…) cuando Freud intenta determinar el momento de aparición de la pulsión sexual, ésta adquiere el aspecto de una perversión del instinto, en la que se ha perdido el objeto específico y la finalidad orgánicas" (Laplanche y Pontalis, 1996, p. 403).

Sea del lado de su consolidación inicial (autoerotismo), o del lado de su posterior proyección (relación objetal con el estallido pubertario), el cuerpo intercede como función y soporte psíquico de la actividad sexual del sujeto. Retomado y sintetizando los dos tiempos freudianos, ya citados, por el autoerotismo se visibiliza la pérdida del objeto naturalizado y "acorde" a la necesidad biológica, y "así, la sexualidad no tendría un objeto real, al modo de una relación predeterminada entre objeto y satisfacción" (Bilbao, 2011, p. 189).

Dado que la pulsión rige con el cuerpo desde la vida infantil, hubo de anticipar su influencia de la pubertad y madurez sexual: su modus operandi (impulsos y deseos), concierne al carácter regresivo y fijado de sus zonas erógenas, suerte de elasticidad libidinal que el sujeto jamás resigna. Sus alcances se perciben en el trastocamiento sexual del instinto, en tanto, reitera el desarrollo infantil y psicosexual:

La sexualidad infantil, ligada, por lo menos en sus orígenes, a las necesidades tradicionalmente designadas como instintos, y a la vez independiente de ellas; endógena, por cuanto sigue una línea de desarrollo y pasa por diferentes etapas, y a la vez exógena, ya que irrumpe en el sujeto desde el mundo adulto (debiendo el sujeto situarse desde el comienzo en el universo fantasmático de los padres y recibiendo de éstos, en forma más o menos velada, incitaciones sexuales), la sexualidad infantil resulta difícil de captar también por el hecho de que no es susceptible de una explicación reductora que haga de ella un funcionamiento fisiológico (…)

Freud describió con el nombre de sexualidad infantil (…) avatares de la relación de amor. Allí donde Freud la encuentra, en psicoanálisis, es siempre en forma de deseo: éste, a diferencia del amor, depende estrechamente de un soporte corporal determinado (…). (Laplanche y Pontalis, 1996, p. 404)

¿Por qué fracasa la función orgánica con la pulsión? Con la pulsión, el sujeto encuentra una no complementariedad, una suerte de inadecuación sustraída de las necesidades de la vida y del instinto:

Hay una inadecuación entre la pulsión y el objeto. La pulsión es independiente del objeto (…) con la introducción de la pulsión nos encontramos con un recorrido parecido y con esta ubicación paradójica del objeto de la pulsión.

Si la pulsión no tiene un objeto, lo único que puede hacer es recortar un objeto en su recorrido para que pueda sostener dicho recorrido, para que la pulsión, paradójicamente, se satisfaga allí. Pero dicho objeto es un objeto que nosotros lo hemos llamado hueco, que no está lejos de este objeto perdido de la experiencia de satisfacción. Esta experiencia de satisfacción "(…) en realidad le posibilita a Freud sostener esta paradoja que le plantea la pulsión del sujeto humano" (Cosentino, 1999, p. 70)

Desde esta perspectiva, la pulsión circunscribe al sujeto a una búsqueda sin descanso ni finalización en pro del placer; basado en el dominio de una pérdida primordial, al sujeto no le queda otro camino que darse a su reencuentro. El objeto primordial (inalcanzable), supone la función que posibilita el deseo humano y su economía psíquica:

(…) el objeto está perdido dos veces. Una primera, porque el sujeto humano nace en la pérdida de cualquier objeto natural del instinto. Con el nacimiento mismo está perdido cualquier objeto natural del instinto, por eso Freud habla de pulsiones. No hay ningún objeto sexual natural. Y la segunda vez, en tanto la pérdida, la separación del objeto ocurre en esa estructura peculiar (…) que es la experiencia de satisfacción. En realidad es una experiencia de pérdida, marca la pérdida del objeto (…) y al mismo tiempo, implica una ruptura, una caída de la homeostasis del organismo. (Cosentino, 1999, p. 70)

Es por esto, y no de extrañar, que el síntoma reitera la fijación satisfactoria y subjetiva de la pulsión. Aquí, "la fijación es un intento parcial y paradójico, como la satisfacción del síntoma, de recuperar esta satisfacción perdida" (Cosentino, 1999, p. 71). El síntoma se produce como sustitución de gozar de un objeto, que restituya psíquicamente la pérdida del instinto y al que el sujeto se aferra por todos sus medios. Y, ¿por qué el síntoma causa conflicto al sujeto? Si,

(…) en la infancia el placer previo tiene por condición que la zona erógena respectiva, o, lo que es lo mismo, la pulsión parcial correspondiente haya contribuido a la ganancia de placer (Lustgewinn). En la niñez se engendra junto con el placer de satisfacción cierto monto de tensión sexual. Extendido a la pulsión, dicha pulsión se satisface en su recorrido que se sostiene en su tensión. O sea, la satisfacción se engendra al mismo tiempo que la tensión sexual. ¿De qué depende este engendramiento al mismo tiempo?

De la diferencia que Freud establece entre el placer obtenido y un más de placer que se reclama (…) El contacto de cualquier zona erógena provoca un sentimiento de placer, pero al mismo tiempo es apto, como ninguna otra cosa, para despertar la excitación sexual que reclama más placer (…) Siempre se exige más. Y en esa diferencia entre lo que se obtiene y lo que se exige se sostiene la pulsión: esa relación de tensión sexual y el placer que se produce simultáneamente. (Cosentino, 1999, p. 20)

La forma en que el placer adquiere forma (a través del cuerpo), formula que "(…) la tensión sexual es el placer de satisfacción. Entonces la diferencia entre el placer de satisfacción hallado y el reclamado que engendra la pulsión, lleva a que la pulsión se satisfaga, autoeróticamente, en su recorrido" (Cosentino, 1999, p. 20). La tendencia del sujeto al placer concierne, además, al conflicto y a sus síntomas donde las pulsiones se imponen como fuerzas auténticas de la represión; del cuerpo parten y proyectan para que "(…) remitan indudablemente al goce (…)" (Soler, 2013, p. 143) del psiquismo, y no a las necesidades del organismo

Psicoanálisis y Medicina

El organismo y el cuerpo

La importancia del cuerpo en psicoanálisis (Dolto, 2014; Soler, 2011; Roudinesco, 2005; Anzieu, 1995) ha expuesto su función como epicentro de sus desarrollos: "(…) un cuerpo ya de por sí encubre suficientes misterios (…)" (Lacan, 1975b, p. 130) que revelan su auge contemporáneo. La relación del cuerpo con la vida psíquica resulta más que determinante en la constitución del ser humano, que, "definido por su habla y su cuerpo (…)" (Soler, 2011, p. 53) se encuentra más allá del dominio de "(…) las homeostasis orgánicas (…)" (Soler, 2011, p. 53)

Así como el cuerpo no solo representa un enorme desafío al psicoanálisis, también lo ha sido para la medicina (Foucault, 2014; Planella, 2009; Chiozza, 2008). El discurso médico viene empoderado por el conocimiento que valida la ciencia, es indudable que

la medicina se configuró como un poderoso complejo de saberes y de poderes, especialmente actuante a partir de los siglos XVIII y XIX en las sociedades occidentales: un haz de fuerzas capaz de incidir al mismo tiempo sobre los cuerpos individuales y las poblaciones, disciplinando y regulando la vida (…) Con sus prácticas y técnicas en actualización constante, a lo largo de la historia moderna la medicina se propuso controlar los acontecimientos aleatorios relativos a la multiplicidad orgánica y biológica de los seres humanos, imponiéndoles sus exigencias normalizadoras (…). (Sibilia, 2010, p. 169)

No obstante, impera un desconocimiento médico por el cuerpo psíquico, debido a su propia interpolación de las enfermedades en su plano corporal, descrito "(…) como anomalías biológicas o psicobiológicas que afectan a funciones o estructuras del organismo humano (…)" (Martínez, 2011, p. 50).

Para entender la diferencia del psicoanálisis con la medicina, hay que partir del cuerpo como su fundamento: por el lado de la medicina se tiene al cuerpo que se inscribe en lo orgánico. En este campo, la ciencia influye en el cuerpo gracias a la medicina donde "(…) genes y comportamientos, suelen sucumbir a la tentación de reducir una cosa a la otra, recurriendo a un determinismo biológico (…)" (Sibilia, 2010, p. 95). Es indudable en este sentido el desarrollo histórico de la medicina, que

(…) bajo el feliz influjo de las ciencias naturales, hizo sus máximos progresos como ciencia (…) ahondó en el edificio del organismo mostrando que se compone de unidades microscópicas (las células); aprendió a comprender en los términos de la física y de la química cada uno de los desempeños vitales (funciones), y a distinguir aquellas alteraciones visibles y aprehensibles en las partes del cuerpo que son consecuencia de los diversos procesos patológicos; por otro lado, descubrió los signos que delatan la presencia de procesos mórbidos profundos en el organismo vivo; identificó además gran número de los microorganismos que provocan enfermedades y, con ayuda de esas intelecciones que acababa de obtener, redujo extraordinariamente los peligros de las operaciones quirúrgicas graves.

Todos esos progresos y descubrimientos concernían a lo corporal del hombre (…). (Freud, 1890, p. 116)

Con base en lo anterior, interesa reconocer dos aspectos esenciales y a la vez co-pertenecientes, a saber, la indagación médica sobre el organismo (en sus funciones normales y patológicas), y al demostrarse como este estudio ha reflejado todo un interés por cierta dimensión corporal del hombre. Así pues, son las condiciones orgánicas las que han reclamado a la profesión científica y médica, su interés para el campo de las conformaciones, funciones y afectaciones del cuerpo.

Más aún, ha sido "(…) comprensible que el hombre pensante que ha entendido a partir de los últimos siglos el funcionamiento de su cuerpo mediante análisis físicos, quiera explicar lo mental mediante los mismos instrumentos conceptuales" (Sánchez, 2013, p. 126). El caso en cuestión es que "(…) estamos demasiado inclinados a percibir la enfermedad como un fenómeno exclusivamente biológico e individual y a omitir la manera en que las desigualdades sociales, las estructuras de poder y los modelos culturales afectan y determinan la salud" (Martínez, 2011, p. 7).

Para el psicoanálisis, el cuerpo no se rige por la exactitud y la medición científica:

(…) hoy en día se sabe que el cuerpo no es simplemente el organismo viviente fijado por la especie, sino un producto de las transformaciones de la civilización, cada una de las cuales, inscribe su marca diferencial en los hábitos más íntimos y en su significación social. (Soler, 2011, p. 53)

El cuerpo psíquico (pulsional), desnaturalizado al inscribirse en la cultura, traza para el psicoanálisis el sentido de su aplicación clínica que "(…) trata en efecto del cuerpo (…)" (Lacan, 1972, p. 223). Más allá de las condiciones que impone la ciencia y su correlato médico hay un cuerpo que limita sus propósitos: el organismo no alcanza para definir al cuerpo de la pulsión y operante en los síntomas clínicos; el hombre experimenta con gozo su sexualidad, como lo hace al tener un cuerpo que no se rige por "(…) la satisfacción de una necesidad, sino como la satisfacción de una pulsión (…)" (Lacan, 1960, p. 253).

Que este cuerpo no pueda ser comprobado por la medicina (Assoun, 2002; González, 2011) depende del hecho de que no es posible emplazarlo objetivamente: "(…) fotografiado, radiografiado, calibrado, diagramado y posible de condicionar (…)" (Lacan, 1966a, p. 92). Justamente en el obrar de la ciencia que desaloja la renuente subjetividad (Green, 1993; Lacan, 1965) la ciencia se muestra, también inhábil para ubicar al cuerpo ¿Qué cuerpo afianzar con estos propósitos? "(…)"

El cuerpo que nos interesa no es el de la ciencia sino el lugar donde se goza, el espacio en el cual circula una multiplicidad de flujo de goces." (Nasio, 1992, p.162). Dado esto, resulta conveniente entender con el psicoanálisis la paradoja del ser humano, quien sufre con sus síntomas. (Soler, 2011) a la vez que se regocija satisfactoriamente en ellos, por el cuerpo.

La ciencia surte a la medicina de técnicas e instrumentos de último avance en su afán de dominar al cuerpo humano: "(…) sala de autopsia, en laboratorio de exámenes físicos, (óptico, eléctrico, radiológico, escanográfico, ecográfico) y químicos o bioquímicos." (Canguilhem, 2004a, p. 36). Para el médico es prioritario responder acorde con estos principios con su "(…) escucha de recepción de signos y síntomas que la semiología médica ha definido contundentemente" (Yospe, 1999, p. 214).

La ciencia ha logrado así establecer que "frente al médico y pare este, un organismo enfermo es sólo un objeto pasivo dócilmente sometido a manipulaciones e incitaciones externas." (Canguilhem, 2004b, p.18). De ello, no es difícil atribuir a las aplicaciones médicas su inherente racionalidad científica, donde

(…) el médico es requerido en la función de científico fisiologista, pero sufre también otros llamados: el mundo científico vuelca entre sus manos un número infinito de lo que puede producir como agentes terapéuticos nuevos, químicos o biológicos, que coloca a disposición del público, y le pide al médico, cual si fuere un distribuidor, que los ponga a prueba. (Lacan, 1966a, p. 90)

Empero, se sabe con la clínica psicoanalítica, "(…) que algo está fuera de lugar, de que algo no funciona como debería, que la economía orgánica se encuentra alterada." (Yospe, 1999, p. 214). Que se tenga a "la práctica médica, fortalecida en su cientificidad y en su tecnología" (Canguilhem, 2004c, p. 82), no la exime de su tropiezo por el cuerpo que remite a "la dimensión del goce" (Lacan, 1966a, p. 92).

De que el cuerpo ocupe un lugar en el campo de la subjetividad, va conforme a su definida "(…) relación con el goce (…)" (Lacan, 1966a, p. 99) de la pulsión. Afianzado, por tanto, en la función de las pulsiones, el cuerpo "goza" ininterrumpidamente (Žižek, 2016; Ons, 2012; Allouch, 2009) y sin regimiento orgánico. Es interesante que, ante estos hechos, la ciencia no renuncia a su ideal de normalización por el cuerpo (Braunstein, 2013); lo hace, como si se tratara de "(…) la actitud del señor que desmonta una máquina." (Lacan, 1955, p.117). Son claras y evidentes las dificultades médicas por entender las facultades psíquicas, que influyen en la constitución corporal (erógena) y pulsional.

Siendo que el cuerpo que "goza", rompe relación con el concepto de la ciencia médica, también lo hace con la concepción de enfermedad, que ésta pondera. La relación del sujeto con el cuerpo no pasa sin la condición del goce subjetivo. Es por esto por lo que el campo psicoanalítico no aísla al sujeto que padece la enfermedad; más aún, sostiene que cada sujeto enferma a su manera, relación clínica que define con su cuerpo.

En otras palabras, si para la medicina el cuerpo se conforma de manera orgánica, para el psicoanálisis el cuerpo lo hace de manera psíquica, y es allí donde radica la diferencia, como ya se ha indicado, entre ambos estudios: es importante partir de "(…) la escisión, cuerpo biológico-cuerpo erógeno." (Yospe, 1999, p. 213) para fundamentar la heterogeneidad que ocupa al saber médico y psicoanalítico respectivamente.

En el caso del cuerpo biológico (médico), este radica en el lugar "(…) donde hay funciones que se ejercitan a través de un conjunto de órganos concentrados en la estructura corporal (…)"

(Unzueta y Lora, 2002, p. 13). Complementando lo dicho, el organismo es "(…) el territorio donde la enfermedad se manifiesta como efectos visibles y en donde la ciencia médica establece sus técnicas de acción para la cura.

Así pues, (…) el síntoma es netamente orgánico y por tanto no es parte del sujeto." (Unzueta y Lora, 2002, p. 13). Sin embargo, y he aquí la ya indicada paradoja, los recursos del tratamiento médico evidencian que "(…) no fueron diseñados para registrar la subjetividad, sí para hacer un rastreo objetivo de la totalidad del organismo (…) En este territorio la causalidad es pensada desde lo objetivo y racionalmente verificable" (Uzorskis, 1995, p. 64).

La medicina como profesión empoderada científicamente, contribuye en su afán de afrontar, intervenir, curar, etc., al cuerpo orgánico apoyado en anomalías que detenta su función. Tenemos, por ejemplo: "(…) reumatismo, artritis, dificultades respiratorias y cardiacas, cansancio, pérdida de la agilidad mental, pesadez al caminar: todo un conjunto de obstáculos insuperables y de dolencias (…)" (Duch; Mèlich, 2005, p. 287).

El psicoanálisis comprueba con sus hechos que el cuerpo que trata se sustrae de las necesidades vitales como el hambre, la sed, etc. (Segal, 2014; Miller, 1986); pues como porvenir psíquico y no biológico, el hombre se ve forzado a afrontar con el cuerpo pulsional, que "el goce es anómalo, ajeno a la homeostasis del organismo (…)" (Soler, 2013, p. 155).

Lacan (1972) establece al "goce" en cuestión, como "(…) sustancia del cuerpo, a condición de que se defina sólo por lo que se goza" (p. 32). Sustancia que distingue corporalmente al placer, "(…) en el sentido en que el cuerpo se experimenta, es siempre del orden de la tensión, del forzamiento, del gasto, incluso de la hazaña" (Lacan, 1966a, p. 95). El goce pulsional perturba al organismo de aprehensión médica, y somete a cambio la condición reinante del cuerpo.

Para que el cuerpo se construya psíquicamente es obligada

la ruptura del hombre con la biología al expresar que "(…) funciona ya de otro modo. Ya hay en él una fisura, una perturbación profunda de la regulación vital." (Lacan, 1972, p. 62). La ingobernabilidad orgánica sobre el cuerpo, define con lo dicho, "(…) una desviación de las necesidades del hombre (…)" (Lacan, 1958, p. 670).

Claramente, en psicoanálisis, cuerpo y organismo no se corresponden de igual modo (Lacan, 1975b; Lacan, 1972; Miller, 2010). El cuerpo se experimenta psíquicamente al devenir "(…) disyunto de lo celular y que básicamente está hecho de lenguaje, de pulsión, de deseo y de goce (…)" (Yospe, 1999, p. 16).

Es de este modo, como en principio, se planteó con el auge de la histeria, la posición con la que "(…) el psicoanálisis puso en evidencia las fallas de la clínica (…)" (Yospe, 1999, p. 16). El cuerpo puso en evidencia la psique y sus conflictos como atributo de la sexualidad y de la cultura que inscribe a sus miembros:

Es muy curioso y supone una incoherencia realmente extraña que se diga: el hombre tiene un cuerpo. Para nosotros esto guarda sentido, incluso es probable que siempre lo haya hecho, pero también lo es que guarda más sentido para nosotros que para cualquiera (…) (Lacan, 1955, p. 116)

De modo capital, el goce pulsional no satisface "(…) a un organismo biológico, que supone una satisfacción ajena a la necesidad biológica." (Santcovsky, 1999, p. 68). Clínicamente hablando, no hay modo de lograr coincidir al síntoma con la enfermedad, hay un nivel de satisfacción que perpetua con el sufrimiento sintomático:

Al médico le importa distinguir entre los síntomas y la enfermedad, y sostiene que la eliminación de aquellos no es todavía la curación de esta. Pero tras eliminarlos, lo único aprehensible que resta de la enfermedad es la capacidad para formar nuevos síntomas. (Freud (1917[a], p. 326)

El cuerpo no termina solo con su precisión terapéutica cuando se define en el compromiso de la cura psicoanalítica; conjuntamente, supone un andamiaje central al histórico dilema mente-cuerpo, del que Freud (1890) no rehusó afrontar:

La relación entre lo corporal y lo anímico (en el animal tanto como en el hombre) es de acción recíproca; pero en el pasado el otro costado de esta relación, la acción de lo anímico sobre el cuerpo, halló poco favor a los ojos de los médicos. (p. 116)

El cuerpo supone así el viraje de la medicina al psicoanálisis, con su conformación inaplicable al organicismo. Sobre este punto,

(…) el mérito de Freud ha sido doble. Por una parte, el de no compartir una concepción de tipo reduccionista, particularmente difundida durante el siglo XIX entre los médicos, que consideraba a la psique como la expresión de las fuerzas biológicas. Y, por otra, el de no considerar que la dimensión espiritual representa una realidad separada del cuerpo. (Bodei, 2005, p. 17)

Desde el descubrimiento freudiano, el cuerpo se abre paso en la epistemología psicoanalítica "(…) al transgredir las leyes que regulan su fisiología, trastoca la aprehensión médica del cuerpo." (Pujó, 1995, p.15). Mismamente, el cuerpo condiciona la aplicación del psicoanálisis interponiendo "(…) límites al abordaje fisiológico (…)" (Freud, 1913, p. 170).

El propósito clínico del psicoanálisis (Bustos, 2016; Peláez, 2016; Cassin, 2013; Frydman, 2012; Harari, 2012; Eidelsztein, 2011; Fages, 2001; Miller, 1998; Merea, 1994) implica al cuerpo "(…) hecho de representaciones, ubicado en la intercepción de los placeres y displaceres con el campo de la palabra, marcado por la historia, des-naturalizado, aunque no inmaterial, territorio privilegiado del síntoma" (Leibson, 2000, p. 8). Con su epistemología, lo corporal "(…) ha realizado una transmutación de conceptos, es decir han sido vaciados de su anterior significación y llenados con un contenido diferente a partir del psicoanálisis"

(Unzueta y Lora, 2002, p. 4).

Con lo sexual que corresponde al psiquismo (Amigo, 2013; Diatkine, 1999; Cosentino, 1999), han sido señaladas las pulsiones como "fuerzas" que "representan {repräsentieren} los requerimientos que hace el cuerpo a la vida anímica." (Freud (1940[1938]), p. 146). En este contexto, las pulsiones desnaturalizan al cuerpo (Del Rocío, 2014; Filippi, 1999; Freud, 1915; Freud, 1940) desde su nacimiento hasta su muerte: "(…) la llegada al mundo de un niño es la de un organismo prematuro, abierto, disponible (…)." (Le Breton, 2010, p. 23) a su atributo corporal.

El cuerpo insatisfecho

El estudio y aplicaciones sobre el cuerpo en psicoanálisis y medicina, ha sido establecido diferencialmente: Lacan (1966a) refiere "(…) como falla epistemo-somática, el efecto que tendrá el progreso de la ciencia sobre la relación de la medicina con el cuerpo" (p. 92). Es factible otorgar a la sexualidad (erogenización corporal) del territorio de la pulsión, su emblema para hacer del cuerpo aquello que "(…) está hecho para gozar, gozar de sí mismo" (Lacan, 1966a, p. 92).

Dado entonces que el cuerpo tiene por principio al goce pulsional, significa con ello "(…) que no siempre el sujeto persigue su bienestar, o que pueda estar bien en el mal, o sentir placer en el displacer (…)" (Yosifides y De Bortoli, 2011, p. 175). El síntoma conmina con el goce irrestricto del sujeto; sobre esto y a modo de ejemplo, "¿cómo entender si no el acto de la anoréxica de no comer hasta la muerte? (…) ¿O las personas que siempre están enfermas? (Yosifides y De Bortoli, 2011, p. 175). Por contradictorio que parezca, el síntoma define la inconformidad estructural del sujeto, que implica su goce corporal:

Aunque los síntomas inicialmente se piensan y experimentan como trastorno, anomalía, desviación, restricción, es decir, como problemas, el psicoanálisis, revela que también pueden verse como soluciones, soluciones sintomáticas a la división más profunda de los seres hablantes que se ven obligados a lidiar con la falta constitutiva de jouissance (Stravrakakis, 2010, p. 99)

El cuerpo orgánico y el cuerpo de goce, confrontan la función de dos campos epistemológicos claramente definidos: la medicina y el psicoanálisis (Lacan, 1971; Lacan, 1970). El cuerpo de la sexualidad queda "(…) excluido de la relación epistemo-somática." (Lacan, 1966a, p. 92) debido a "la dimensión del goce (…)" (Lacan, 1966a, p. 92) subjetivo.

La sexualidad no puede inscribirse ni mucho menos definirse en el plano de las conformaciones orgánicas que en rigor transmite la medicina. La pulsión toma al sujeto que, "(…) por así decirlo, es esa relación perturbada con su propio cuerpo que se denomina goce" (Lacan, 1972, p. 41). Con base en lo dicho, ¿no incomoda el goce corporal al saber y aplicación del médico? La medicina entabla la enfermedad como alteración de la función orgánica: el sujeto queda despojado de su observación clínica, pues sus síntomas son por ende orgánicos.

El psicoanálisis subvierte esta situación al demostrar que el síntoma psíquico es singularizable (Freud, 1917b; Coblence, 2003), y que el cuerpo se comporta del mismo modo:

(…) independientemente de la función que desempeñe en la vida del sujeto, el síntoma es descrito por Freud, en distintos pasajes de su obra, como algo incomprensible que domina la voluntad de quien lo padece, limita su libertad y le incita a hacer lo que menos conviene para vivir con placer. (Ramírez y Gallo, 2012, p. 186)

Se ha indicado que la pulsión constituye al cuerpo porque se inscribe en el campo de la sexualidad, la cual "(…) ya no nos aparece como una función al exclusivo servicio de la reproducción, equiparable a la digestión o la respiración, etc." (Freud, 1913, p. 184). Reiterando, la función corporal que traspone en sus síntomas las pulsiones sexuales pone al descubierto la constitución psíquica del ser humano por sobre las consideraciones médicas (Freud, 1893a; 1893b; 1893c; 1886; 1888; 1956; 1925).

Fue la histeria la que indicó al psicoanálisis que la medicina no podía responder a sus hechos clínicos (Nasio, 1991; Verhaeghe, 1999;). Conforme a esto, tanto la enfermedad como el síntoma pasaron a ser definidos en virtud de nuevos principios:

En cuanto al famoso conocimiento de sí mismo que supuestamente hace al hombre (…) partamos de eso, que de todos modos es simple y palpable: que (…) sí. Bien. Si se quiere. Si se quiere, tiene lugar. Tiene lugar en el cuerpo. El conocimiento de sí mismo es la higiene. Partamos precisamente de allí. Ahora bien, siglo tras siglo seguía estando la enfermedad. Cada quien sabe que la enfermedad no se arregla por medio de la higiene y que es algo enlazado al cuerpo.

Siglo tras siglo se suponía que el médico conocía la enfermedad, quiero decir, en el sentido del conocimiento (…) creo haber subrayado bastante, y rápidamente, el fracaso de esas dos vertientes. Todo eso es patente en la historia (Lacan, 1972, p. 219-220)

Bien es, que en psicoanálisis al no responder los sujetos de modo biológico ni natural son en cambio "(…) moldeados como cuerpos" (Lacan, 1972, p. 224). Los sujetos se inscriben con la experiencia de la sexualidad (Lacan, 1969; 1964;) donde el cuerpo demuestra una y otra vez que "la ciencia promete la recuperación de los malestares humanos, pero rápidamente emerge el sujeto insatisfecho (…)" (Gallo, 2007, p. 98).

Conclusión

La histeria puso en evidencia al cuerpo que condicionó el nacimiento del psicoanálisis. Este cuerpo, sin duda, consagró su lugar como tema fundamental de la clínica e impuso además la limitación del discurso médico como estudio exclusivo de las patologías orgánicas. La pulsión erogeniza al cuerpo y distingue por ende su estatuto de la anatomía médica: a diferencia del cuerpo orgánico, el cuerpo de la pulsión acusa su constitución producto del desarrollo sexual e infantil de sus zonas erógenas.

El síntoma histérico puso en evidencia conforme a lo sexual (traumatismo y conflicto) el carácter psíquico que cubre al cuerpo, siendo las pulsiones su fundamento. Es por esto por lo que no puede precisarse al discurso psicoanalítico como dependiente y conforme a la biología: desde Freud, es sabido que las pulsiones parcializan al cuerpo, reticente del instinto y su organismo. Lo que sin duda esto advierte es la necesidad de ampliar consigo, el campo sexual y constitutivo del hombre:

Esta ampliación del campo de la sexualidad condujo inevitablemente a Freud a intentar determinar los criterios de lo que sería específicamente sexual (…) Una vez señalado que lo sexual no puede reducirse a lo genital (de igual forma como el psiquismo no es reductible a lo consciente), ¿qué es lo que permite al psicoanálisis atribuir un carácter sexual a procesos en los que falta lo genital? El problema se plantea fundamentalmente para la sexualidad infantil (…) Freud anticipa el argumento clínico según el cual el análisis de los síntomas en el adulto nos conduce a (…) un material indiscutiblemente sexual (…) (Laplanche y Pontalis, 1996, p. 402)

El cuerpo humano se desvía de las necesidades orgánicas

conforme a su sexualidad. La medicina falla con aprehender al cuerpo consecutivo de placer. Si, bien es cierto que el psicoanálisis concierne por su definición al estudio y práctica clínica de la psique, es también un método comprometido con el cuerpo. Lo corporal vendría a representar la desnaturalización del hombre: no hay objeto natural que pueda colmar la pulsión sexual, donde, en cambio, si suponemos su lazo con la subjetividad y el deseo humano.

La ciencia influye en el cuerpo a través de la medicina conforme al organicismo de las enfermedades; empero, desconoce con su propósito al cuerpo psíquico que en todo caso no se inscribe con su exactitud y validez. La observación médica sacrifica la escucha y comprensión psicoanalítica que privilegia al sujeto con lo que dice y refiere de sus síntomas.

La economía psíquica (pulsional) disruptiva del organismo y su homeostasis, somete subjetivamente al cuerpo y conmina al sujeto a regocijarse con placer en el displacer. Por el lado de la ciencia médica, es clara la conjunción corporal en el sentido de anomalías biológicas que afecta la funcionalidad orgánica, y por el psicoanálisis, su prioridad por comprender la psique, que "encarna" erógenamente al soma.

Dada la condición conflictual de la psique, es factible reconocer su influencia también corpórea; la sexualidad y el placer que despierta, supera además la conciencia. No hay razón para desligar el síntoma de la enfermedad como condición subjetiva, y, además, patologizarlo. Es problemático equiparar al cuerpo con la enfermedad que se describe y observa medicamente, ya que no atañe a un instrumento funcional y manipulable.

Uno de los problemas de la medicina es lidiar con la sexualidad del cuerpo (goce pulsional), y tratar de comprender porque un sujeto sufre con placer: un sujeto puede demandar curarse y aun así perseverar con su enfermedad. La medicina, traza como su ideal, la curación y el bienestar humanos al proponer resolución de las enfermedades; lo que así desconoce es la implicación subjetiva del sujeto con sus síntomas.

El psicoanálisis no se adscribe como método de la biología y el organicismo, ya que concibe lo corporal como construcción experiencial. La histeria (pionera en el estudio de la afección psíquica del cuerpo), confirma el síntoma como formación del inconsciente en tanto suscita al sujeto placer y no solo padecimiento. Un síntoma como el "conversivo", se traspone con su expresión en el cuerpo: se tiene, a modo de ejemplo, la "parálisis histérica", que demuestra la erogenización subyacente al conflicto de la neurosis. Freud plantea así la necesidad de escuchar los síntomas como formaciones que encierran un sentido no conciente al enfermo, vivenciando su sexualidad como tensión pulsional.

Freud establece la sexualidad humana al expresarse como síntoma neurótico; lo interesante en todo caso, fue el haber dado con su acotamiento corporal. La pulsión sexual surge como fuerza autentica de la tensión y compromiso del placer. Puede decirse de la pulsión que se define "(…) como un saber, pero un saber que no comporta el menor conocimiento.

El portador de la pulsión desconoce su texto, su sentido, ni siquiera sabe que lo acarrea" (Frydman, 2012, p. 132). ¿Qué lugar conceder al cuerpo de la histeria? Freud se vio llevado a concebir la eficacia psíquica y endógena de la pulsión como pivote de la mente y el cuerpo; y su excitación, comprometida con sus zonas erógenas.

Si el cuerpo se traduce de modo pulsional, entonces, su conformación, se define bajo los principios de la economía y su dinámica (como fuerza al tiempo que conflicto). Es el estímulo que atrapa al soma sexualizándolo, procurando un objeto subjetivo y sin plenitud.

Es por esto por lo que la excitación corporal perturba la homeostasis psíquica: el cuerpo en cuestión emerge producto de la indefensión biológica con la que el individuo viene al mundo, y somete su deseo al objeto pulsional que se inscribe allí "recortado" en sus diferentes "zonas", al tiempo que se construye su cuerpo. Esta estimulación endógena proyecta al psicoanálisis definitivamente como práctica que define los efectos de la pulsión.

El cuerpo define la "realización" parcial de la sexualidad donde el síntoma expresa la pulsión como "(…) la única fuente energética constante de las neurosis (…)". (Freud, 1905a, p. 148). El cuerpo traza la economía psíquica (pulsional) como conjunción de estímulos que "(…) esfuerzan a la alteración, a la descarga" (Freud, 1923b, p. 24), y al placer como su distensión. Conforme, además a estos principios, la constancia energética y corporal que supone lo humano, transita y se desplaza a lo largo del simbolismo de los órganos:

Freud, al descifrar los síntomas, descubre lo que él llama sentido sexual, pero este se cifra en términos de pulsiones parciales reprimidas: oral, anal etc. El síntoma es, por tanto, un sustituto sexual; en otras palabras, una manera de gozar paradójicamente desplaciente, a causa de la represión. En el adulto que le habla a través de sus síntomas, Freud escucha la voz del pequeño "perverso polimorfo" que goza autoeróticamente del cuerpo propio (…). (Soler, 2013, p. 142)

Dado que el cuerpo supone el basamento conjetural y clínico del psicoanálisis, su acontecimiento representa la realización sexual y autoerótica infantil del sujeto, que proyecta al mundo exterior su "realidad", y recibe, al paso de reconocerlo, sus formas de normalización y represión. Clínicamente,

estos síntomas que constituyen acontecimientos de cuerpo deben ser situados en función de aquel con el que tenemos que trabajar: el cuerpo civilizado – quiero decir, socializado -. Es preciso dimensionar el hecho de que existe una fábrica del cuerpo, de nuestros cuerpos socializados.

Este cuerpo no es un producto de la naturaleza: es más bien un producto del arte. Y no cabe duda de que lo que denominan educación es, ante todo, una tentativa – exitosa, por lo demás - de domar el cuerpo, de introducirlo en prácticas colectivizadoras de cuerpo. Se le enseña al niño cómo comer y cómo regular sus excreciones, a qué hora, en qué forma y cómo presentarse, etc. Se le trasmiten las posturas socializadas admisibles (Soler, 2013, p. 207)

Con lo dicho, ¿no representa la función del cuerpo, el peso cultural y psíquico, que somete humanamente a los sujetos? "Así pues, el discurso nos da nuestro cuerpo. El cuerpo del que debemos decir que lo "tenemos". El sujeto – entiéndase: el hablante -, contrariamente al animal, no es su cuerpo" (Soler, 2013, p. 209). Si, bien es cierto, que hay cuerpo por épocas (Freud nos enseñó, por ejemplo, el legado de la histeria), también, incluimos con él sus variaciones clínicas (síntomas) que lo expresan: "(…) toda una cocina para acomodar el cuerpo a los gustos de los sujetos de la época" (Soler, 2013, p. 209). Por otra parte,

debería evitarse que se considerara el cuerpo humano como un simple "objeto" con la disponibilidad y la capacidad de manipulación que son propias de los meros objetos. El cuerpo humano ciertamente no es una mera exterioridad objetiva y objetivada, como puede ser la materia prima para la manipulación por parte de uno mismo o de los otros, sino que se trata de la genuina forma de presencia en el mundo que corresponde a los humanos como seres corporales singulares (…) (Duch y Mèlich, 2005, p. 236)

El problema de la objetivación corporal del hombre tuvo su peso indudable, en el acervo de la ciencia médica, para el que (…) el cuerpo moderno (…) con unos indudables rasgos mecanicistas, ha sido considerado como un reloj o como un organismo biológico (mecánico) que cabía mantener en buena forma, bien engrasado, para poder dar una respuesta conveniente y convincente a la competición y a los retos propios de los tiempos modernos (Duch y Mèlich, 2005, p. 262).

Ha sido el reto médico por hacer prevalecer el bienestar, lo que confirma, paradojalmente, la existencia de la enfermedad, ¿no es acaso, la cura médica (recuperación y bienestar anhelado), lo que ratifica, inescrutable, la enfermedad dada en el cuerpo? "(...) la enfermedad siempre procede de una especie de autoobjetivación, da lugar a unos inacabables procesos descriptivos con la finalidad de ceñirla, acotarla y, de esta manera, poder combatirla mejor en la imaginación y en la realidad" (Duch y Mèlich, 2005, p. 297).

Por principio, la enfermedad se nos plantea "(...) localizada en un miembro concreto del cuerpo, acostumbra a "separarse", a desvincularse, de la persona concreta, y se trata como una pieza autónoma que hay que separar, corregir o eliminar" (Duch y Mèlich, 2005, p. 297, p. 298). La sociedad se reafirma a través de los principios y aplicaciones médicas para justificar su modelo entroncado de biologicismo corporal, que "superaría con creces" los males del hombre:

(...) dada esta suerte de biologización actual en la que nos hallamos inmersos, existe con pregnancia la suposición de que algún tipo de gragea nos va a sacar por ejemplo la angustia o la tristeza, con toda velocidad. O sea que, ante la más pequeña expresión de alguna clase de situación donde el cuerpo, por sus calidades propias, puede ser sensible ante las emociones o afectos, con rapidez vendrá alguna gragea -presuntamente- a "resolver" la cuestión -uno de los trazos dominantes de la subjetividad de la época (...) ¿Y por qué vas a sufrir si esto te alivia? Ante tal hedónica propuesta, envolvente y seductora, ¿cómo negarse? Si se puede evitar la experiencia, que así sea (Harari, 2012, p. 67)

Por otro lado, el cuerpo requiere para su construcción y despliegue, no perecer, por decir así, de su inmadurez biológica: todo cuerpo debe inscribirse en el lazo social, que regularice de algún modo sus pulsiones, y, por ende, produce síntomas que sugieren la inconformidad subjetiva del sujeto por su "convivencia" con los otros. Es por esto por lo que para el conocimiento médico resulta tan necesario subsumir el concepto de cuerpo al esquema de lo "patológico", que "(...) se refiere electivamente a un estado del cuerpo, donde se observa un sufrimiento, o más bien un desorden, una pérdida de armonía, donde hay una disfunción somática, cuando un órgano no funciona bien" (Miller, 2009, p. 63).

El cuerpo queda así mismo enclaustrado como cuerpo obligatoriamente patológico, que solo cuenta cuando está enfermo. De ahí, el peligro que supone de equiparar lo mental como homeostasis médica, como si solo contara el reducirlo a su función adaptativa:

Lo mental puede ser considerado como un órgano esencial en la adaptación a la realidad del ser humano en tanto ser viviente, en tanto es una cierta especie animal. Si uno toma esta perspectiva sobre lo mental, si uno considera lo mental como un órgano específico, se desarrolla, y así sucede en efecto en la ciencia contemporánea, la perspectiva de reducir toda psicopatología a la ciencia del cerebro (…). (Miller, 2009, p. 64).

Se sabe, por su parte, que el sujeto no se rige con su "cuerpo" a ninguna función cerebral, que, además, se esperaría que lo adapte armónicamente a su ambiente; por lo que "(…) tiene cierta tendencia a destruir su propio ambiente: una tendencia a destruir su organismo, en sentido amplio. Y esta autodestrucción del organismo humano tiene que ver con la patología (…)" (Miller, 2009, p. 65).

Basado en este principio determinista, siempre habrá que reconocer que "(…) el concepto mismo de sujeto impide pensar la armonía del sujeto con cualquier cosa en el mundo. El concepto de sujeto es, en sí mismo disarmónico con la realidad" (Miller, 2009, p. 71). Caso concreto, se ha afirmado en psicoanálisis, que (…) hay algo que responde a esa dimensión de "no puede abstenerse": es lo que Freud inventó como la pulsión. La pulsión parece designar un nivel, digamos, acéfalo; la pulsión como un vector sin cabeza (…) un nivel donde el sujeto, como respuesta, está anulado (…) un nivel donde el sujeto parece sujeto a una demanda de la cual no puede defenderse. (Miller, 2009, p. 74)

Lo revolucionario de la contribución psicoanalítica, radica en su tentativa por articular entre sí aspectos complejos y conflictuales (sujeto, cuerpo, psique, etc.,) para que en el mejor de los casos hubo la necesidad de agruparlos en un solo campo de estudio, y que mejor concepto, que la pulsión para expresar con rigor las articulaciones entre el cuerpo y la psique: "pese a la constitución del objeto sexual que no puede afirmarse como ya dado, el cuerpo es marca insoslayable" (Ons, 2012, p. 112).

Con lo corporal se traza la significación de las pulsiones en la vida psíquica; el conflicto que aquí depara es que cada pulsión busca imponerse de modo singular, avivando las representaciones que le son adecuadas a sus fines: ninguna pulsión es compatible con otra. Toda moción psíquica parte de una excitación corporal, el cuerpo vive en excitación. Es por esto, que, se puede decir, que un órgano cualquiera, puede perfectamente conducirse y hacer las veces de órgano genital, cumpliendo así una función erógena.

El cuerpo, en sí mismo, está hecho para gozar de sus pulsiones, a través de sus zonas, pero no como un todo, sino, por objetos y recortes. Y se ha reiterado, entonces, que el cuerpo responde a las pulsiones sexuales tendientes a su satisfacción.

Cuando el soma orgánico es influido por lo psíquico el sujeto se diferencia del animal. El cuerpo, no es solo un cuerpo que habla, es también aquel que abarca una enigmática satisfacción: el síntoma clínico, repite y repite por una satisfacción que sustituye psíquicamente, lo que no alcanza y a la vez falla de acomodarse como organismo y necesidad.

Como quiera que fuese, hay un déficit en lo que corresponde al logro pleno y absoluto de la satisfacción sexual en el sujeto, y que incluso, atenta contra su bienestar. El síntoma expresa una escisión entre lo conciente y lo inconsciente; el sentido desconocido y perplejidad para el que lo padece. De nuevo, recordemos el cuerpo histérico que Freud descubre y que pone en duda la primacía armónica del organicismo; que libra conflicto entre la supervivencia natural y el goce "mortífero" pulsional.

Como si se tratara de "dos cuerpos", hay uno que conoce lo necesario para sobrevivir, y otro, que, obtiene satisfacción. El cuerpo se incorpora como parte de la estructura psíquica: ninguna función "vital" estaría sometida de ahí en adelante a procurar bienestar. El hombre fue excluido de la naturaleza y a cambio se le otorga por atributo un cuerpo, que hereda por la psique y que a su vez le representa.

Desde el mismo momento histórico en que el psicoanálisis introduce al saber de la clínica la hipótesis sobre lo inconsciente, el campo médico ya no fue el mismo, en el sentido que se vio destinado a considerar la prevalencia de los procesos psíquicos que pueden afectar al cuerpo. El síntoma pasó a conjeturarse desde otra perspectiva en la que el sujeto no siempre busca su bienestar, que puede sentir placer en el displacer, y no como expositor de trastornos, anomalías y desviaciones a la norma médica.

Primero que todo, los síntomas debían entenderse de ahí en más como compromisos psíquicos, resoluciones al conflicto de cada sujeto. Por tanto, cabe esperar que no en todos los casos el síntoma sea producto de las anomalías del organismo y la fisiología; por lo que no es posible en psicoanálisis generalizar los casos clínicos, y más bien, convenir en ellos su singularidad. El valor de la clínica radica en que no todo lo referente al ser humano se puede saber; que la subjetividad produce nuevos sentidos y no se deja atrapar por estadísticas, números, etc., y hace fallar a la ciencia porque influye de un modo singular en el sujeto.

Se puede decir que el psicoanálisis surge en respuesta a la impotencia del saber de la medicina sobre el cuerpo: la teoría psicoanalítica demuestra su esfuerzo por entender la causalidad psíquica del sujeto, y reconoce sus limitaciones y tropiezos basados en el acervo de su experiencia; más que todo, surge como una herramienta necesaria que permite nombrar los hechos clínicos, y pueda aportar allí, nuevas preguntas sobre la subjetividad.

El psicoanálisis ha contribuido que la conciencia pasa a ocupar un lugar más reducido de la psique al descubrir con lo inconsciente su mayor determinación, otorgando al sujeto un lugar único e irrepetible. Para la medicina, en cambio, resulta, que "(…) los organismos contemporáneos se transforman en cuerpos conectados, ávidos y ansiosos, cuerpos sintonizados. Y también, sin duda, cuerpos útiles" (Sibilia, 2010, p. 193).

Freud ha dado a la psique su autonomía funcional y eficacia, estructural y patógena: la psique resulta seccionada para Freud sobre una especie de mesa de operaciones quirúrgicas, buscando describir el funcionamiento y la articulación de sus órganos internos, de poner al desnudo los nervios. Al hacer esto, ha estado casi siempre sometido a la intuición de una cierta autonomía de la psique por el correspondiente fondo orgánico (…). (Bodei, 2005, p. 89)

El psicoanálisis ha redefinido la clínica al comprobar otros principios causales para los síntomas neuróticos; confrontó el reduccionismo médico, y estableció las bases para otro tipo de tratamiento y curso de la teoría:

La hipótesis de la presencia de articulaciones entre cuerpo y psique hizo que resultara efectivamente factible comprender tanto la importancia de la esfera sexual en la vida mental, las significativas conexiones entre funciones biológicas orales, anales, fálicas y determinados modelos relacionales, como la idea de que el malestar psíquico pueda expresarse también por la vía de enfermedades somáticas.

Por todo esto, si como frecuentemente se hace, se tiende a considerar superados los modelos de pulsión y el modelo energético, sin por ello llegar a formular nuevas hipótesis que clarifiquen las articulaciones creadas por Freud, se termina por volver banal y superficial el discurso teórico sobre la psique, al considerarla de maneras que la cortan de un sustrato biológico y del lenguaje y las necesidades del cuerpo. (Bodei, 2005, p. 21)

El psicoanálisis, tiene, así, sus principios en el cuerpo, y con él, aparejados sus conceptos como, pulsión, sexualidad, placer, etc., decantados por la queja de los pacientes histéricos que conmovieron la curiosidad e interés de Freud. Las vicisitudes de la clínica psicoanalítica se consolidan con el cuerpo, fundamento de su teoría.

Epílogo

Hablar de psicoanálisis resulta impensable si éste no está referido al lugar del sujeto. Él es el portador del lenguaje, por medio del cual intentará apalabrar aquello que lo aqueja. Esto último estará referido tanto al lazo social como también a aquello con lo que el sujeto establece tal lazo, es decir el cuerpo.

Abordar al sujeto como lo propone el psicoanálisis, implica entonces, necesariamente pensar en el cuerpo. Pues el sujeto se presenta como apropiado o no de su propio cuerpo y este, excede el organismo y la anatomía como es propuesta por las ciencias biológicas. No hay para el humano posibilidad de saber de placeres y displaceres en la vida sino es a través de su propio cuerpo.

El cuerpo, tanto el propio como el del otro, acepta, rechaza, se ofrece, gusta, se desea, se pone a dieta, se somete a ejercicio, se tonifica, se embellece y en ocasiones también duele. Ese cuerpo que esta libidinizado y que encuentra en el sujeto un lugar particular es aquel del que se ocupa el psicoanálisis, pues si desde esta disciplina se propone el lenguaje como fundante del sujeto (Lacan, 1953), lo que emerge entonces en la pregunta por lo corporal es el intento de "captar cómo el organismo viene a apresarse en la dialéctica del sujeto" (Lacan, 1962, p. 827).

Lo anterior está referido a como ese organismo, por efecto de la apropiación subjetiva, se incorpora para un sujeto y se hace Un cuerpo (lacan, 1949) y esto, marcará sine qua non la vida del sujeto, que a su vez dará cuenta con ella que ese cuerpo que llama suyo, aunque esté apropiado de él, a su vez no le pertenece, pues "es un obsequio del lenguaje" (Lacan, 1970, p. 18).

Si Freud a partir de 1895 con el descubrimiento del

psicoanálisis como técnica de investigación y método terapéutico, se enfrenta a través de las pacientes que recibía en consulta con un cuerpo que ellas referían libidinizado, histerizado y concerniente necesariamente al lugar de la pregunta más allá de lo orgánico y posteriormente Lacan con su enseñanza postula que el cuerpo (1949) es una construcción que incluso, no es posible para todos; hoy por hoy el cuerpo insiste en la clínica, en los discursos y en el lazo social.

La forma como el cuerpo se inscribe va marcando también, necesariamente la subjetividad de nuestra época. El cuerpo insiste, con distintos ropajes en mostrarse y/u ocultarse de determinadas maneras que no son ajenas al sujeto y de las que él no puede escapar y por el contrario si puede dar cuenta con sus palabras, que van mucho más allá de las formas fenomenológicas como ese cuerpo aparece, modelando y modelado, tonificado, ejercitado, disciplinado, etc.

Bajo el presupuesto anterior, nuestro intento al escribir el texto que aquí presentamos ha estado en relación a esas preguntas, pues ellas insisten en tanto hay sujeto y subjetividad, que no pueden ser pensados entonces, lejos del cuerpo.

Los autores

Referencias Bibliográficas

Allouch, J. (2009). El erotismo desde Lacan. Buenos Aires: Editorial El Cuenco de Plata.

Amigo, S. (2013). Clínicas del cuerpo. Lo incorporal, el cuerpo, el objeto a. Buenos Aires: Letra Viva.

Anzieu, D. (1995). El pensar. Del yo-piel al yo-pensante. Madrid: Editorial Biblioteca Nueva.

Assef, J., Bortoli, L. y Stechina, M. (2011). Las series pulsionales en Freud. Diferencias y articulación. En: El campo psicoanalítico. 33-56. Córdoba: Editorial Brujas.

Assoun, P. (2003). El freudismo. Buenos Aires. Siglo Veintiuno Editores.

Assoun, P. (2002). La metapsicología. Buenos Aires. Siglo Veintiuno Editores.

Bilbao, A. (2011). Las creaciones freudianas de lo patológico. Sujeto, causa y representación. Chile: Universidad Academia de Humanismo Cristiano.

Bodei, R. (2005). El doctor Freud y los nervios del alma. Filosofía y sociedad a un siglo del nacimiento del psicoanálisis. pp. 16-21. Buenos Aires: Siglo Veintiuno Editores.

Braunstein, N. (2013). Clasificar en psiquiatría. México: Siglo XXI Editores.

Bustos, V. (2016). Deseo del analista, la transferencia y la interpretación: una perspectiva analítica. Psicología desde el Caribe. Universidad del Norte. Vol. 33 (1): 97-112. Recuperado de: http://rcientificas.uninorte.edu.co/index.php/psicologia/article/viewFile/6356/8060

Canguilhem, G. (2004a). Las enfermedades. En: Escritos sobre la medicina.

33-48. Buenos Aires. Amorrortu Editores.

Canguilhem, G. (2004b). La idea de naturaleza en el pensamiento y la práctica de la medicina. En: Escritos sobre la medicina. 17-32. Buenos Aires. Amorrortu Editores.

Canguilhem, G. (2004c). ¿Es posible una pedagogía de la educación? En: Escritos sobre la medicina. 69-98. Buenos Aires. Amorrortu Editores.

Cassin, B. (2013). Jacques el sofista: Lacan, logos y psicoanálisis. Buenos Aires: Editorial Manantial.

Cave, G. F. (2016). The irruption of science in medical ethics: Neuroethics and freud´s psychoanalysis. Acta Bioethica 22(2). 229-240.

Coblence, F. (2003). Sigmund Freud 1. 1886-1897. Vida y pensamiento psicoanalítico. 73-97. Madrid: Editorial Biblioteca Nueva.

Cosentino, J. (1999). Construcción de los conceptos freudianos II. Buenos Aires: Ediciones Manantial.

Chiozza, L.A. (2008). Metapsicología y metahistoria 1: escritos de teoría psicoanalítica. Buenos Aires, AR: Libros del Zorzal. Recuperado de: http://www.ebrary.com

Del Rocío, B. (2014). El concepto de pulsión de Freud a Lacan. En: Carmen L. Díaz (Ed.), Imaginario, simbólico, real. Aporte de Lacan al psicoanálisis.123 – 157. Bogotá, Colombia: Editorial Universidad Nacional de Colombia.

Diatkine, G. (1999). Jacques Lacan. Vida y pensamiento psicoanalítico. 57-68. Madrid: Editorial Biblioteca Nueva.

Dolto, F. (2014). La causa de los niños. 15-32. Barcelona: Editorial Paidós.

Duch, LL y Mèlich, J. (2005). Escenarios de la corporeidad. Antropología de la vida cotidiana 2/1.Madrid: Editorial Trotta.

Eidelsztein, A. (2011). Las estructuras clínicas a partir de Lacan. Volumen 2. Buenos Aires: Editorial Letra Viva.

Fages, J. (2001). Para comprender a Lacan. Buenos Aires: Amorrortu

Editores.

Filippi, V. (1999). Pulsiones. En: Jaime Yospe y Guillermo Izaguirre. (Col.), Salud mental y psicoanálisis. 73 – 95. Buenos Aires: Editorial Universitaria de Buenos Aires.

Foucault, M. (2014). Enfermedad mental y personalidad. Buenos Aires: Editorial Paidós.

Freud, S. (1956 [1886]). Informe sobre mis estudios en París y Berlín. Realizados con una beca de viaje del Fondo de Jubileo de la Universidad (octubre de 1885 – marzo de 1886). En: Sigmund Freud, Obras completas: Tomo I.1-16. Argentina: Ediciones Amorrortu.

Freud, S. (1940 [1938]). Esquema del psicoanálisis. En: Sigmund Freud, Obras completas: Tomo XXIII.133 - 209. Argentina: Ediciones Amorrortu.

Freud, S. (1940 -41 [1892c]). (A) Carta a Josef Breuer. En: Sigmund Freud, Obras completas: Tomo I. 183-185. Argentina: Ediciones Amorrortu.

Freud, S. (1940 -41 [1892b]). (C) Sobre la teoría del ataque histérico. En: Sigmund Freud, Obras completas: Tomo I. 187-190. Argentina: Ediciones Amorrortu.

Freud, S. (1933 [1932]). 35ª conferencia: En torno de una cosmovisión. En: Sigmund Freud. Obras completas. Tomo XXII. 146-1689. Argentina: Ediciones Amorrortu.

Freud, S. (1925) [1924] Presentación Autobiográfica. En: Sigmund Freud, Obras Completas Tomo XX [1992].1 -70. Argentina: Amorrortu editores

Freud, S. (1923 [1922]). Dos artículos de enciclopedia: "Psicoanálisis" y "Teoría de la libido". En: Sigmund Freud, Obras completas: Tomo XVIII. 227-254. Argentina: Ediciones Amorrortu.

Freud S. (1923b) El yo y ello. En: Sigmund Freud, Obras completas: Tomo XIX. 1-63. Argentina: Ediciones Amorrortu.

Freud, S. (1920). Más allá del principio de placer. En: Sigmund Freud, Obras completas: Tomo XVIII. 1-136. Argentina: Ediciones Amorrortu.

Freud, S. (1917a [1916-17]). 23ª conferencia. Los caminos de la formación de síntoma. En: Sigmund Freud, Obras completas: Tomo XVI. 326-343. Argentina: Ediciones Amorrortu.

Freud, S. (1917b [1916-17]). 16ª conferencia. El sentido de los síntomas. En: Sigmund Freud, Obras completas: Tomo XVI. 235-249. Argentina: Ediciones Amorrortu.

Freud, S. (1915). Pulsiones y destinos de pulsión. En: Sigmund Freud, Obras completas: Tomo XIV. 105 – 134. Argentina: Ediciones Amorrortu.

Freud, S (1913). Introducción a Oskar Pfister, Die Psychanalytische Methode. En: Sigmund Freud, Obras completas. Tomo XII. 351-353. Argentina: Ediciones Amorrortu

Freud. (1913). El interés por el psicoanálisis. En: Sigmund Freud, Obras completas: Tomo XIII. 167 - 192. Argentina: Ediciones Amorrortu.

Freud, S. (1910). La perturbación psicógena de la visión según el psicoanálisis. En: Sigmund Freud, Obras completas: Tomo XI. 205-216. Argentina: Ediciones Amorrortu.

Freud, S. (1905a). Tres ensayos de teoría sexual. En: Sigmund Freud, Obras completas: Tomo VII. 109-224. Argentina: Ediciones Amorrortu.

Freud, S. (1905b). Fragmento de análisis de un caso de histeria (1905 [1901]). En: Sigmund Freud, Obras completas: Tomo VII.1-108. Argentina: Ediciones Amorrortu.

Freud, S. (1897). Carta 69 (21 de septiembre de 1897). En: Sigmund Freud, Obras completas: Tomo I. 301-302. Argentina: Ediciones Amorrortu.

Freud, S. (1896a). Fragmentos de la correspondencia con Fliess "Carta 52". En: Sigmund Freud, Obras Completas Tomo I [1973]. 274-279. Argentina: Amorrotu Editores

Freud, S. (1896b). La etiología de la histeria. En: Sigmund Freud, Obras completas: Tomo III. 185-218. Argentina: Ediciones Amorrortu.

Freud, S. (1895). Historiales Clínicos. En: Sigmund Freud, Obras completas: Tomo II. 45-194. Argentina: Ediciones Amorrortu.

Freud, S. (1894). Las neuropsicosis de defensa (Ensayo de una teoría psicológica de la histeria adquirida, de muchas fobias y representaciones obsesivas, y de ciertas psicosis alucinatorias) (1894). En: Sigmund Freud, Obras completas: Tomo III. 41-68. Argentina: Ediciones Amorrortu.

Freud, S. (1893a). Sobre el mecanismo psíquico de los fenómenos histéricos. En: Sigmund Freud, Obras completas: Tomo IIII. 25-40. Argentina: Ediciones Amorrortu.

Freud, S. (1893b). Estudios sobre la histeria (Breuer y Freud). En: Sigmund Freud, Obras completas: Tomo II.1-313. Argentina: Ediciones Amorrortu.

Freud, S. (1893c). Algunas consideraciones con miras a un estudio comparativo de las parálisis motrices orgánicas e histéricas (1893 [1888-93]). En: Sigmund Freud, Obras completas: Tomo I.191-210. Argentina: Ediciones Amorrortu.

Freud. (1890). Tratamiento psíquico (tratamiento del alma). En: Sigmund Freud, Obras completas: Tomo I. 111-132. Argentina: Ediciones Amorrortu.

Freud, S. (1888). Histeria. En: Sigmund Freud, Obras completas: Tomo I. 41-66. Argentina: Ediciones Amorrortu.

Frydman, A. (2012). La subversión de Lacan. Una introducción a la noción de sujeto. 119-130. Buenos Aires: Ediciones Continente.

Gallo, H. (2007. Afecciones contemporáneas del sujeto. Medellín: La Carreta Editores.

González. (2011). Una contribución sobre psicoanálisis y medicina de

Jacques Lacan. Anuario de investigaciones, Vol. 18, 61-67. Recuperado de:

http://www.redalyc.org/pdf/3691/369139947057.pdf

Green, A. (1993). Desconocimiento del inconsciente (ciencia y psicoanálisis). En: Roger Dorey y Rene Thom (Col.), El inconsciente y la ciencia. 177-184. Argentina: Ediciones Amorrortu.

Harari, R. (2012). ¿Qué dice del cuerpo nuestro psicoanálisis?: Problemática de índole clínica, metapsicológica y de inserción del psicoanálisis en la polis. Buenos Aires: Letra Viva.

Lacan, J. (1975a) Seminario 22. R.S.I. Recuperado de: https://www.lacanterafreudiana.com.ar/lacanterafreudianajaqueslacanse minario22.html

Lacan, J. (1975b). Conferencia en Ginebra sobre el síntoma. En: Jacques Lacan, Intervenciones y textos. 115 – 144. Buenos Aires: Editorial Manantial.

Lacan, J. (1971). Saber, ignorancia, verdad y goce. En: Jacques Lacan, Hablo a las paredes. 13 – 46. Buenos Aires: Ediciones Paidós.

Lacan, J. (1972). Seminario 20. Aún (1972-1973). 23-37. Buenos Aires: Ediciones Paidós.

Lacan, J: (1972). Seminario 19. … O peor (1971-1972). 209-231. Buenos Aires: Ediciones Paidós.

Lacan, J. (1970). Radiofonía (2012). En: Jacques Lacan, Otros escritos. 425 – 471. Buenos Aires: Ediciones Paidós.

Lacan, J. (1969). Seminario 16: De otro al otro (1968-1969). 309- 353. Buenos Aires: Ediciones Paidós.

Lacan, J. (1964). Seminario 11: Los cuatros conceptos cruciales del psicoanálisis. 129- 208. Buenos Aires: Ediciones Paidós.

Lacan, J. (1966a[1986]). Psicoanálisis y medicina. En: Jacques Lacan, Intervenciones y textos 1. 86-99. Buenos Aires: Ediciones Manantial.

Lacan, J. (1966b) Respuestas a estudiantes de Filosofía. En: Otros Escritos. 221-230. Buenos Aires: Editorial Paidós.

Lacan, J. (1965) La ciencia y la verdad. En: Jacques Lacan, Escritos 2. 834 – 856. Madrid: Siglo Veintiuno Editores.

Lacan, J. (1962) Posición del inconsciente. En: Jacques Lacan, Escritos 2. 808-829. Buenos Aires: Siglo XXI

Lacan, J. (1958) Juventud de Gide o la letra y el deseo. En Escritos 2 [2013]. 703-725. Buenos Aires: Siglo XXI

Lacan, J. (1955). Seminario 2: El yo en la teoría de Freud y en la técnica psicoanalítica (1954-1955). 47-142. Buenos Aires: Editorial Paidós.

Lacan, J. (1953) Función y campo de la palabra y del lenguaje en psicoanálisis. En Escritos 1 [2008]. 227-310. Buenos Aires: Siglo XXI

Lacan, J. (1949) El estadio del espejo como formador de la función del yo (je) tal y como se nos revela en la experiencia psicoanalítica. En: Escritos 1. 86-93. Buenos Aires: Siglo XXI

Lacan, J. (1948) la agresividad en psicoanálisis. En: Escritos 1 [2013]. 94-116. Buenos Aires: Siglo XXI

Laplanche, J y Pontalis, J. (1996). Diccionario de psicoanálisis. Barcelona: Editorial Paidós.

Le Breton, D. (2010). Cuerpo sensible. 21-36. Santiago de Chile: Ediciones Metales Pesados.

Leibson, L. (2000). Notas sobre el cuerpo. La falla epistemo-somática. El cuerpo en la clínica. Psicoanálisis y hospital. Publicación semestral de practicantes en instituciones hospitalarias. Verano. Año 9 – N°18. 8-12.

Machado, M. (2008). La función del objeto a y la lógica del análisis. Medellín: Editorial Universidad de Antioquia.

Martínez, A. (2009). Antropología médica. Teorías sobre la cultura, el poder y la enfermedad. Barcelona: Editorial Anthropos.

Mass, L.R. (2013). El sujeto y la estética corporal en la sociedad contemporánea (algunas relaciones teóricas con el capitalismo y plus de gozar). Revista Psicogente, vol. 17 No.31; 155-162. Recuperado de: http://publicaciones.unisimonbolivar.edu.co:82/rdigital/psicogente/index.php/psicogente/article/viewFile/428/393m

Merea, C. (1994). La extensión del psicoanálisis. Buenos Aires. Editorial Paidós.

Miller, J. (2010). Conferencias porteñas. 143- 153. Buenos Aires. Editorial Paidós.

Miller, J. (2009). Patología de la ética (primera conferencia). 63-74. Lógicas de la vida amorosa. Buenos Aires. Manantial.

Miller, J. (1998). Introducción al método psicoanalítico. 13-90. Buenos Aires. Editorial Paidós.

Miller, J. (1986). Recorrido de Lacan. Ocho conferencias. 131-160. Buenos Aires. Ediciones Manantial.

Nasio, J. (1992). Cinco lecciones sobre la teoría de Jacques Lacan. Barcelona: Gedisa Editorial.

Nasio, J. (1991). El dolor de la histeria. 25-43. Buenos Aires: Editorial Paidós.

Ons, S. (2012). Comunismo sexual. Buenos Aires: Editorial Paidós.

Planella, R.J. (2009). Cuerpo, cultura y educación. Bilbao, Es: Editorial Desclée de Brouwer. Recuperado de: http://www.ebrary.com

Peláez, G. (2016). Fundamentos de psicología clínica. Medellín: Editorial FCSH Cuadernos.

Pujó, M. (1995). La clínica del amo y el deseo. La salud mental. Psicoanálisis y hospital. Publicación semestral de practicantes en instituciones hospitalarias. Invierno. Año 4- N° 7. 11-18.

Ramírez, M. y Gallo, H. (2012). El psicoanálisis y la investigación en la universidad. 183-203. Buenos Aires. Ediciones Grama.

Roudinesco, E. (2005). Histoire de la psychanalyse. Ecole practique des hautes études. Section des sciences historiques et philologiques. Livret – Annuaire, 136 (19), 356-357. Recuperado de: http://www.persee.fr/doc/ephe_0000-0001_2003_num_19_1_11378

Santcovsky, M. (1999). Sexualidad. En: Salud mental y psicoanálisis. 67-71. Buenos Aires: Editorial Universidad de Buenos Aires.

Santcovsky, M. (1999. Conversión e hipocondría. En: Salud mental y psicoanálisis. 193-199. Buenos Aires: Editorial Universidad de Buenos Aires.

Sánchez, A. (2013). La revolución psicológica del siglo XX. En: Violencia social y psicoanálisis. 123-130. Bogotá: Edición privada.

Segal. (2014). Between skins: the body in psychoanalysis – contemporary developments. Psychoanalysis Practice 20 (4), 394-397. Recuperado de:http://www.tandfonline.com/doi/full/10.1080/14753634.2014.946776

Stavrakakis, Y. (2010). La izquierda lacaniana: psicoanálisis, teoría, política. Buenos Aires: Fondo de cultura económica.

Sibilia, P. (2010). El hombre postorgánico. Cuerpo, subjetividad y tecnologías digitales. Buenos Aires: Fondo de cultura económica.

Soler, C. (2001). El padre síntoma. Asociación Foro del campo lacaniano de Medellín.

Soler, C. (2013a). L´en-corps du sujet. El en-cuerpo del sujeto. Bogotá Colombia: G.G-Ediciones. Colección Estudios de Psicoanálisis.

Soler, C. (2013). Lacan, lo inconsciente reinventado. Argentina: Ediciones Amorrortu.

Soler, C. (2011). Los afectos lacanianos. Buenos Aires: Editorial Letra Viva.

Unzueta, C. y Lora, M. (2002). El estatuto del cuerpo en psicoanálisis. Universidad Católica Boliviana. Revista AJAYU, Vol. 1 año 1. Recuperado de: http://www.scielo.org.bo/pdf/rap/v1n1/v1n1a09.pdf

Uzorskis, B. (1995). La clínica psicoanalítica en territorio medico La salud mental. Psicoanálisis y hospital. Publicación semestral de practicantes en instituciones hospitalarias. Invierno. Año 4- N° 7. 64-68.

Verhaeghe, P. (1999). ¿Existe la mujer? Buenos Aires: Editorial Paidós.

Yospe, J. (1999). Psicoanálisis y medicina. En: Salud mental y psicoanálisis. 211-221. Buenos Aires: Editorial Universidad de Buenos Aires.

Yosifides, A. y. De Bortoli, L. (2011). El goce: demonio del más allá. En: el campo psicoanalítico. 175 – 184. Coordinado por Mariana Gómez. Córdoba: Editorial Brujas.

Žižek, S. (2016). El resto indivisible. Buenos Aires: Ediciones Godot.

Zuazo, J. (2007). Aspects of body in psychiatry (I): On psychical and physical body. Anales de psiquiatría 23(6), 273-294.